ARDUINO-UNO EN PRATIQUE

Yves MERGY

ARDUINO-UNO EN PRATIQUE

FORMATION EN 25 APPLICATIONS MODULAIRES

Illustrations : **Yves MERGY**

Edition : **BoD - Books on Demand**
12/14 rond-point des Champs Elysées
75008 Paris
Imprimé par BoD – Books on Demand, Norderstedt
ISBN : **978-2-3221-1339-2**
Dépôt légal : **septembre 2016**

DÉDICACE

Le présent ouvrage se voit tout naturellement dédié à mes nombreux lecteurs et à tous les passionnés d'électronique qui me feront le plaisir de le découvrir.

L'AUTEUR

Passionné d'électronique depuis son enfance, l'auteur de cet ouvrage a collaboré durant 18 années à la rédaction du célèbre magazine « Électronique Pratique », tout en publiant plusieurs autres livres chez Dunod® éditeur. Il se consacre aujourd'hui à ses domaines favoris : les amplificateurs audio de très haute fidélité, et l'électronique numérique dont font partie les modules Arduino-UNO.

L'auteur dispose d'une adresse Email destinée à le contacter. Faites lui part de vos suggestions et soyez indulgents pour les quelques erreurs de frappe qui pourraient s'être insidieusement glissées dans l'ouvrage.

myepled@gmail.com

TABLE DES MATIÈRES

POURQUOI CE LIVRE ?

Pour de nombreux électroniciens, les microcontrôleurs et leur programmation restent un domaine obscur. Ce livre tend à démontrer aisément le contraire en se basant sur un des plus célèbres modules à microcontrôleur : l'Arduino-UNO. Vous découvrirez leur facilité de mise en œuvre et surtout l'intérêt d'avoir recours à ces composants. Lors de la mise au point d'un projet, vous n'aurez pratiquement plus à modifier la section électronique, mais simplement à changer quelques lignes du programme afin de parvenir au résultat escompté. Nous avons sélectionné l'Arduino-UNO pour son aspect économique, sa popularité et sa puissance de traitement.

Les novices découvriront, sans se ruiner et simplement, l'intérêt de la programmation du formidable Arduino-UNO. Les lecteurs chevronnés, mais non initiés à l'électronique numérique, migreront aisément vers le travail sur les microcontrôleurs. Enfin, les lecteurs avertis trouveront probablement une mine d'idées et d'astuces tant au niveau électronique que logiciel ; certaines techniques intéressantes faciliteront leurs propres développements.

Vous apprendrez à traiter de multiples circuits et périphériques : entrées numériques et analogiques, sorties faibles et fortes puissances, afficheur LCD alphanumérique, afficheur graphique couleurs TFT, encodeur numérique, sonde de température, gestion des servomoteurs, télécommande par infrarouge, composants I^2C, etc.   La programmation s'effectue en langage Arduino « C ». Ne soyez pas inquiets, celui-ci s'apparente beaucoup au « BASIC » et après une période de prise en main, beaucoup de développeurs le préfèrent pour sa plus grande clarté et sa puissance.

Dans le très célèbre magazine « Électronique Pratique », l'auteur a publié, sur plusieurs numéros, une formation pratique dédiée à l'Arduino-UNO qui a remporté un vif succès. Ce livre reprend et enrichit cette série de cours. Toutes les personnes n'ayant pas eu l'opportunité de suivre cette formation, ou n'ayant pas pu se procurer tous les numéros trouveront un intérêt certain à la lecture de cet ouvrage.

ORGANISATION DE L'OUVRAGE

Ce livre étant consacré au module Arduino-UNO, nous commencerons par présenter celui-ci physiquement et électroniquement. Comme le laisse entendre le titre, il s'agit de pratiquer immédiatement des expérimentations et des projets de tout ordre ; nous passerons donc sous silence les longues énumérations théoriques et nous consacrerons à l'étude des bases nécessaires à la programmation : le matériel, le logiciel et les particularités du langage. Les instructions seront détaillées avec des exemples concrets lors de la mise en œuvre des applications.

Nous verrons comment compléter le logiciel avec des bibliothèques ou librairies spécifiques destinées à programmer des circuits ou fonctions particulières. Nous vous inviterons alors à télécharger et installer toutes celles employées dans nos expérimentations.

Plutôt que de travailler sur une plaque d'essais sans soudures (breadboard), qui limite malgré tout l'étendue des possibilités, nous adoptons une technique plus sérieuse et plus fiable. Il s'agit de petites platines se raccordant à la plaque de base et les unes aux autres au moyen de connecteurs à 3 et 4 broches munis de détrompeurs. Bien sûr, il va falloir mettre la main à la pâte, ou plutôt le fer à souder à la main, pour réaliser ces petits modules, très simples pour la plupart. Voilà bien la première tâche des électroniciens que nous sommes. Cette technique présente une meilleure fiabilité, limite les risques d'erreurs et offre une infinité de possibilités. S'il vous manque une fonction ou un circuit spécifique, vous pouvez le câbler provisoirement sur la platine d'expérimentations munie d'une plaque sans soudures et des connecteurs, puis la réaliser concrètement lorsqu'elle vous donnera entière satisfaction.

Afin de ne pas limiter la durée de vie de ce livre nous avons développé de nombreuses applications pratiques vous permettant de maîtriser l'Arduino-UNO dans bien des domaines. Pour chacune d'elles, vous trouverez la liste les platines et du matériel à utiliser, le plan d'interconnexion et le programme largement commenté.

1 LE MODULE ARDUINO-UNO

1.1 - GÉNÉRALITÉS

Le module Arduino-UNO s'articule autour d'un microcontrôleur ATmel®. Celui qui nous intéresse : l'Arduino-UNO R3 (pour version 3) utilise un Atmega 328P au format DIL étroit à 28 broches pour l'unité centrale et un autre en composant de surface (CMS) pour le convertisseur USB. Vous l'avez certainement compris, l'interface de programmation USB est intégrée au module. Aucun frais supplémentaire à envisager de ce côté, un simple câble suffit. Du côté technique, il est possible de l'alimenter directement par le port USB, ou par une source externe comprise entre 7 et 12 volts. Les modules Arduino présentent le grand intérêt d'être développés en « open-source ». Pour rester simple, sachez que les schémas, les programmes et tout ce qui les concerne est en libre téléchargement sous licence « ***Creative Commons Attribution-ShareAlike 3.0*** ». Lorsque vous achetez un Arduino, vous ne payez que les composants et le travail, tout le développement est offert. Vous pouvez ainsi réaliser son propre module en reprenant le schéma. Rien ne vous empêche, si vous en avez les compétences, de l'améliorer auprès de cette communauté participative.

1.2 - CARACTÉRISTIQUES

La **figure 1.1** montre les différents composants et l'organisation du module Arduino-UNO R3 avec la fonction de chaque broche. Ce module comporte trois types de mémoires (Flash, Ram et EEprom) et une vitesse d'horloge de 16MHz. Nous disposons de 20 lignes d'entrée / sortie dont 6 dédiées au convertisseur analogique / numérique sur 10 bits. Six des vingt lignes peuvent sortir un signal PWM (ou MLI en français) à destination de servomoteurs, par exemple. L'Arduino gère plusieurs protocoles de communication : Sériel, SPI et I^2C. Le langage de programmation, proche du « C », est relativement facile à utiliser du fait de librairies, ou bibliothèques, additionnelles pour chaque composant spécifique. Celles-ci sont fournies gratuitement, même lorsqu'elles ne sont pas déjà intégrées au logiciel de programmation « Arduino ».

Le programme chargé en mémoire n'est pas interprété mais compilé, ce qui explique sa vitesse d'exécution. Un mini programme : le « bootloader », préprogrammé dans l'ATmega permet la communication entre l'Arduino-UNO et le logiciel de l'ordinateur auquel il est relié pour charger la mémoire flash.

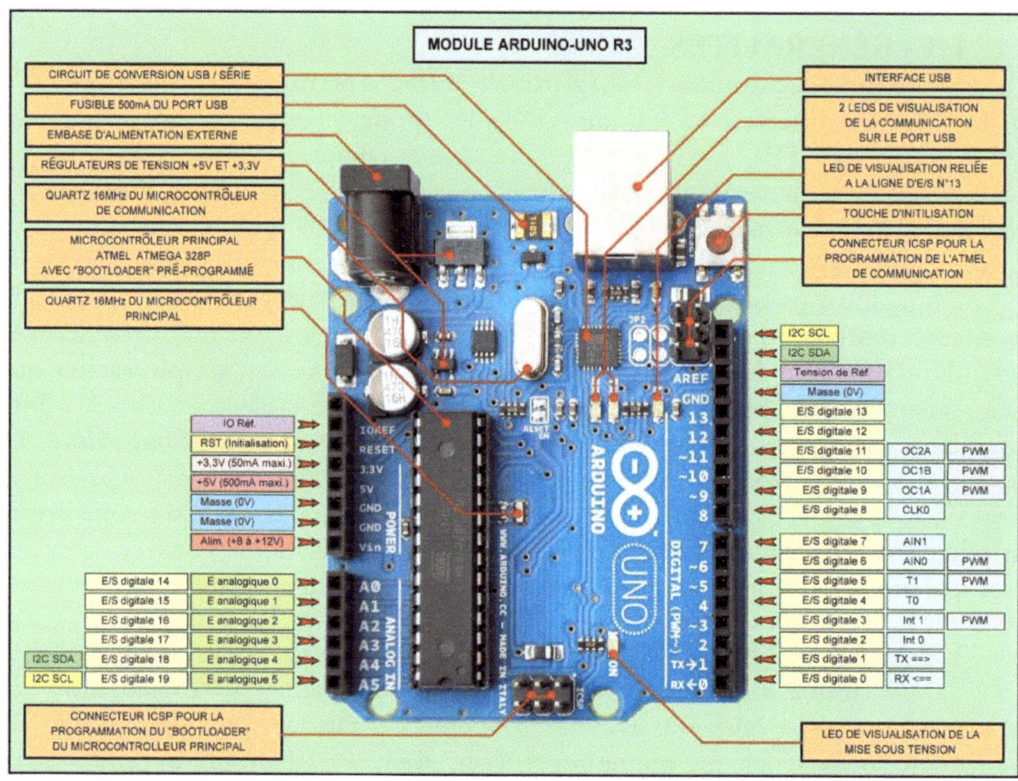

Figure 1.1   Organisation physique d'un module Arduino-UNO R3

1.3 - LE SCHÉMA

Pour information, la **figure 1.2** donne le schéma du module Arduino-UNO R3. Dans la partie supérieure, vous pouvez distinguer l'embase d'alimentation et les régulateurs de +5V et de +3,3V. La section gauche montre le circuit de programmation avec l'embase USB, l'ATMEGA 16U2-MU et son quartz de 16MHz. Les leds jaune (yellow) marquées TX et RX visualisent l'activité de la communication. A gauche, l'ATMEGA328P-PU représente le microcontrôleur de l'Arduino-UNO qui nous intéresse réellement, celui que nous allons programmer pour nos applications. Notez qu'il est également cadencé par un quartz de 16MHz. A sa droite et légèrement au dessus, vous trouvez les connecteurs donnant accès aux lignes d'entrée / sortie (IOL et IOH), aux entrées analogiques (AD), aux tensions et broches de service (POWER). Le connecteur ICSP1 permet de reprogrammer le microcontrôleur dédié à la communication USB et ICSP sert à loger le « bootloader » dans l'ATMEGA328P-PU. Ces deux derniers connecteurs ne seront pas mis à contribution dans ce livre, leur mise en œuvre sortant du cadre de cet ouvrage.

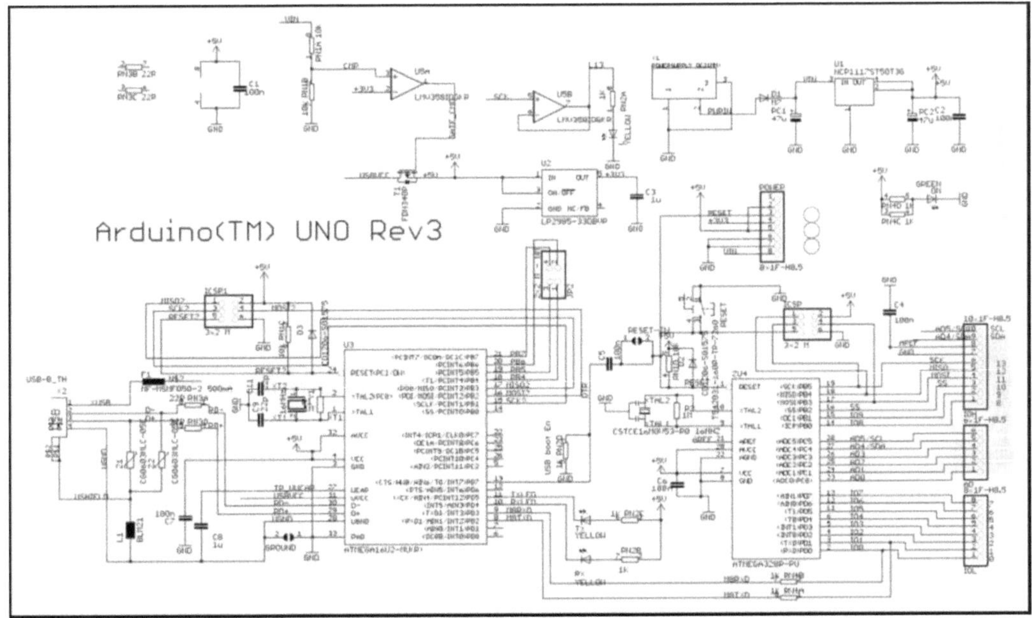

Figure 1.2 Schéma du module Arduino-UNO R3

A l'évidence, nous n'interviendrons pas au sein de ce module mais il est toujours bon de connaître les base du fonctionnent d'un circuit avant de l'utiliser.

1.4 - LE LANGAGE DE L'ARDUINO

L'Arduino se programme en « C » ou un langage très proche avec des conventions d'écriture inhérentes à celui-ci. Ceux d'entre vous habitués au

« BASIC » n'éprouveront pas de grandes difficultés à migrer vers ce langage après quelques expérimentations.

Ne soyez pas déroutés, Les concepteurs de l'Arduino ont décidé d'employer des termes particuliers pour certaines dénominations. Par exemple, un programme se nomme un « sketch » ou croquis en français. Un croquis n'est pas téléchargé ou chargé en mémoire, mais « téléversé ». Il faut accepter ces bizarreries !

Le fichier d'un croquis se termine par l'extension « .ino » et doit se trouver dans un répertoire (dossier) portant le même nom. La communauté française s'intéressant à ces modules est très active, certains se sont chargés de traduire toutes les documentations et références se rapportant à ce module. Les liens Internet se trouvent aisément avec un moteur de recherches. Nous ne pouvons pas décrire l'intégralité des instructions et fonctions de ce langage, notre magazine ressemblerait à un volumineux dictionnaire. Vous trouverez d'autres ouvrages et des sites Internet consacrés à ce sujet. Voyons simplement certaines particularités et conventions d'écriture différenciant le langage « C » du « BASIC » des PICAXE, CUBLOC, etc.

Les lignes de code doivent obligatoirement se terminer par un point virgule « ; ». Plusieurs instructions peuvent prendre place sur une seule ligne, elles doivent être séparées par le point virgule « ; ». Les espaces n'ont aucune incidence, vous pouvez en utiliser pour une meilleure lisibilité.

- Le signe égal « = » est employé uniquement pour attribuer une valeur à une variable ou à une constante.

- Il doit être doublé « == » dans les conditions de test. Voici un exemple pour illustrer les deux situations : *if (A == B) {B = 0 ;}*. Cette ligne de code se comprend ainsi : « si la valeur de A est égale à la celle de B, alors la variable B prend la valeur 0 ».

- Dans un test « *if ...* » le terme then n'existe pas. Les lignes d'instructions à exécuter sont comprises entre deux accolades « *{ ...... }* », si elles tiennent sur plusieurs lignes.

- Des librairies, ou bibliothèques, de fonctions additionnelles servent à travailler avec un composant ou un protocole spécifique. (*LiquidCrystal.h* ou *Wire.h* par exemple). Il suffit de les insérer au début du programme avec la directive « *include* » de cette manière : *#include <LiquidCrystal.h>*.

- Un programme Arduino comporte impérativement une procédure d'initialisation nommée « *void setup() { .... }* » lue une seule fois, et une boucle principale « ***void loop() { …….. }*** » exécutée perpétuellement, du début à la fin. L'emploi de fonctions ou procédures personnelles du type : « ***void ma_fonction() { …….. }*** » facilite l'édition d'un programme et évite l'emploi de nombreux « ***goto*** », non recommandés et peu usités en « C ».

- Hormis ces points particuliers, le reste est assez similaire au « BASIC », tant pour les déclarations que pour le corps du programme.

1.5 - LE LOGICIEL ARDUINO

Il est totalement gratuit et proposé en libre téléchargement sur le site Internet de l'Arduino : http://arduino.cc/en/Main/Software. Téléchargez et installez la dernière version qui convient à la configuration de votre ordinateur (Windows®, Linux® ou Mac®). L'archive, une fois décompressée, comprend le logiciel, les drivers (pilotes pour le module Arduino), les exemples et les principales librairies.

Après l'indispensable installation des pilotes, lancez le logiciel à partir du dossier de décompression (pas d'installation à prévoir, le logiciel est « portable »), sélectionnez le port de communication : menu « Outils / Port Série ». Attention ! Sous Windows® 8, il convient auparavant de désactiver la « signature des pilotes », sinon, ils ne s'installent pas. Nous ne pouvons pas détailler cette procédure au sein de cet article, mais vous trouverez aisément les informations nécessaires en cherchant sur Internet avec votre moteur de recherches favori. Posez la question suivante : « ***Windows 8 comment désactiver la signature des drivers*** », vous aurez l'embarras du choix pour les réponses.

La **figure 1.3** montre une vue d'écran du logiciel sous Windows® avec un croquis en cours de développement. Notez la sobriété de son interface, pourtant toutes les fonctionnalités nécessaires sont présentes. Du haut vers le bas, vous distinguez nettement les sept zones plus ou moins grandes.

- La barre des cinq menus donnant chacun accès à plusieurs sous-menus (choix du module, du port sériel, ajout de librairies, options d'impression, etc.) conférant ainsi à ce logiciel toute sa puissance.

- La barre des boutons, très pratique pour lancer immédiatement les cinq fonctions principales. La **figure 1.4** donne le détail de chacun d'eux.

- La barre des onglets permet de basculer instantanément d'un fichier à un autre au sein d'un même croquis (chaque croquis pouvant comporter plusieurs fichiers). Chaque croquis s'ouvre séparément dans sa propre fenêtre.

- La section suivante représente la fenêtre d'édition, c'est ici que vous saisissez votre programme (croquis). Notez les différentes couleurs permettant de se repérer : les instructions sont en orange, les paramètres en bleu, les commentaires en gris et le reste en noir.
- La barre de statut indique l'opération en cours.
- La zone de messages s'avère très utile, c'est ici que sont signalées, en rouge, les éventuelles erreurs de syntaxe lors de la compilation. A la fin de celle-ci vous aurez, en blanc, l'indication de l'espace mémoire occupé par votre programme.
- Enfin, la dernière barre donne le numéro de ligne où se situe le curseur d'édition et le port de communication actif.

Les codes source « croquis », même les plus simples, sont très largement commentés afin de faciliter le travail de chacun d'entre vous. Il suffit maintenant de relier le cordon USB de votre module Arduino-UNO à votre ordinateur, d'ouvrir un des croquis sous le logiciel « ARDUINO » et de lancer la compilation suivie du chargement (avant-dernière icône). Lorsque l'opération s'est correctement déroulée, l'Arduino-UNO devient autonome et n'a plus besoin de l'ordinateur, hormis pour son alimentation. Le projet fonctionne directement. Pour rendre votre application réellement solitaire, alimentez-la au moyen d'un bloc secteur, de piles et d'une batterie.

Avant de programmer votre premier projet, il faut réaliser les platines, base de la pratique de l'électronique.

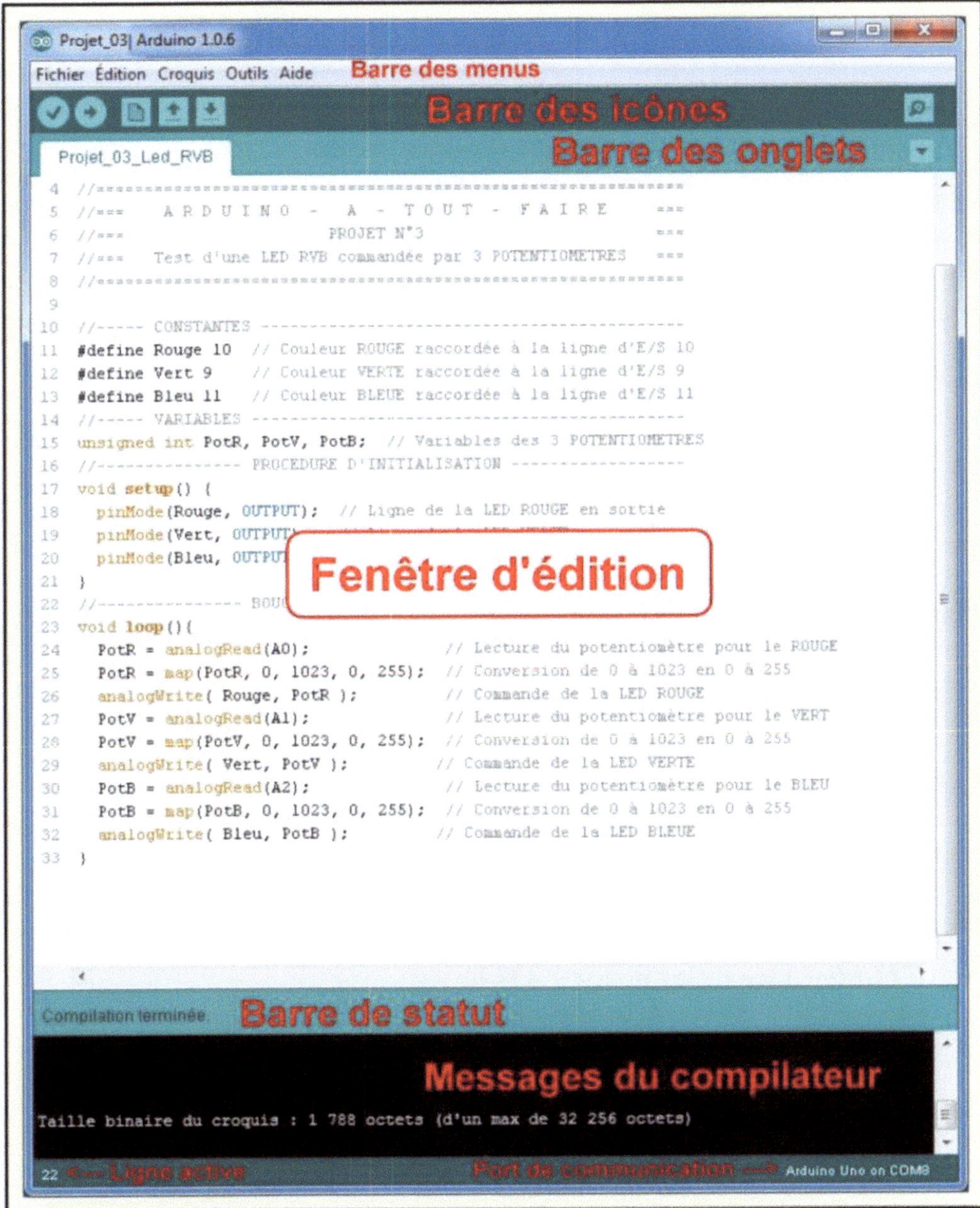

Figure 1.3 Vue d'écran du logiciel sous Windows®

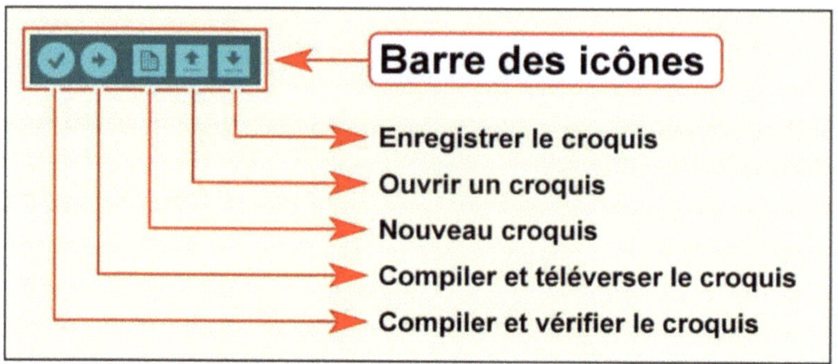

Figure 1.4 La barre des boutons

1.6 - LES LIBRAIRIES ADDITIONNELLES

Voyons un dernier point délicat avant d'aborder les réalisations électroniques et la programmation de nos projets. Le logiciel Arduino, très bien conçu, permet de programmer toutes les tâches courantes. Malgré cela, les développeurs n'ont pas pu prendre en compte tous les composants existant et encore moins tous ceux à venir. Afin de ne pas brider leur logiciel, et pour permettre à l'Arduino-UNO de pouvoir gérer toutes sortes de composants et de protocoles, il est prévu d'ajouter des librairies, ou bibliothèques, d'instructions qui feront ensuite partie intégrante du logiciel. Certaines sont fournies directement dans l'archive d'origine, d'autres doivent être téléchargées sur Internet, décompressées et installées dans le répertoire (dossier) des librairies nommé en anglais « *libraries* ». Étudions ensemble cette étape.

Pour profiter au mieux de cet ouvrage, au moins deux librairies additionnelles sont nécessaires ; les voici avec les liens de téléchargement.

- **IRremote** Lien de la librairie « IRremote » :
  https://github.com/shirriff/Arduino-IRremote
- **RTClib**   Lien de la librairie « RTClib » :
  https://github.com/adafruit/RTClib

INSTALLATION

1. Première étape : annuler l'ancienne librairie « ***RobotIRremote*** ». Il est possible de la supprimer purement et simplement, mais nous préférons la « cacher » dans un dossier afin de la retrouver en cas de nécessité. Dans un dossier différent de celui où le logiciel Arduino a été installé, commencez par créer un nouveau dossier nommé par exemple : « ***Sauvegarde_librairies*** ».

2. Déplacez, dans ce répertoire, la librairie (dossier complet) « ***RobotIRremote*** » situées actuellement dans le dossier « ***libraries*** » du dossier d'installation.
3. Téléchargez les nouvelles librairies à partir des liens donnés ci-dessus. Décompressez-les dans un dossier temporaire.
4. Renommez le dossier « ***Arduino-IRremote-master*** » en « ***IRremote*** ».
5. Déplacez les dossiers obtenus dans le dossier « ***libraries*** » d'origine.

Lancez le logiciel ARDUINO et ouvrez le sous-menu « ***Importer bibliothèque ...*** » du menu « ***Croquis*** », vos nouvelles librairies doivent y figurer. Si par la suite vous souhaitez installer une nouvelle librairie pour vos projets personnels, il suffit de suivre cette procédure.

2 RÉALISATION DES CARTES ÉLECTRONIQUES

2.1- GÉNÉRALITÉS

Comme pour toute réalisation électronique aboutie, nous avons besoin de confectionner plusieurs circuits imprimés, de diverses dimensions, dont le plus grand mesure 101 mm x 92 mm. Les autres, tous plus petits, peuvent être réalisés sur des chutes de plaques d'époxy cuivrées présensibilisées. Les lecteurs n'ayant pas encore une grande expérience de la gravure chimique, peuvent commander les circuits imprimés auprès d'une société spécialisée. Cette solution reste onéreuse. Il est préférable de s'initier à leur fabrication en se reportant à la lecture d'articles traitant de ce sujet dans les magazines ou dans d'autres ouvrages. Afin que le plus grand nombre de lecteurs puissent entreprendre les projets de ce livre, tous les circuits imprimés sont de type simple face. Bien que les typons des circuits fassent l'objet de figures séparées, il est plus judicieux de les regrouper afin de les graver ensemble. Certains d'entre eux doivent d'ailleurs être réalisés en plusieurs exemplaires (celui de la touche, de la led, du potentiomètre, etc.). Il serait fastidieux de les graver individuellement.

En premier lieu, nous vous recommandons de vous procurez les composants afin d'être sûrs de leur encombrement, puis gravez les circuits imprimés en optant pour la méthode photographique, la seule permettant d'obtenir un travail parfait. Ébavurez les platines avec soin pour un meilleur confort. Percez toutes les pastilles à l'aide d'un foret de 0,8 mm puis alésez certains trous selon nécessité.

En suivant scrupuleusement les plans d'implantation, effectuez le câblage en fonction de la taille et de la fragilité des composants. Commencez toujours par souder tous les ponts de liaisons (straps) afin de ne pas en oublier. Poursuivez par les résistances, les diodes, et les plus petites pièces pour terminer par les plus encombrantes. De nombreux connecteurs doivent être constitués de broches de barrettes sécables de type « SIL » mâles ou femelles. Pensez que plusieurs composants polarisés (condensateurs, leds, transistors, etc.) ne supportent pas d'inversion, veillez à leur orientation.

A la fin du câblage, ne négligez pas les contrôles de qualité de votre travail. Vérifiez les platines au niveau des pistes, de la valeur et du sens des composants. Des erreurs peuvent avoir des conséquences désastreuses et engendrer des destructions.

Vous devez posséder quelques cordons à 3 et 4 broches pour relier les platines entre elles. Il en existe des tout prêts dans le commerce, sinon, il vous faudra les préparer vous mêmes. Les connecteurs femelles se vendent vides et les broches femelles séparément. Soudez une broche à chaque extrémité des fils de même longueur et insérez-les dans les boîtiers femelles vides. Prenez garde au sens. Quand vous raccorderez deux platines la masse doit se relier à la masse et non au signal. La **figure 2.1** illustre ce propos.

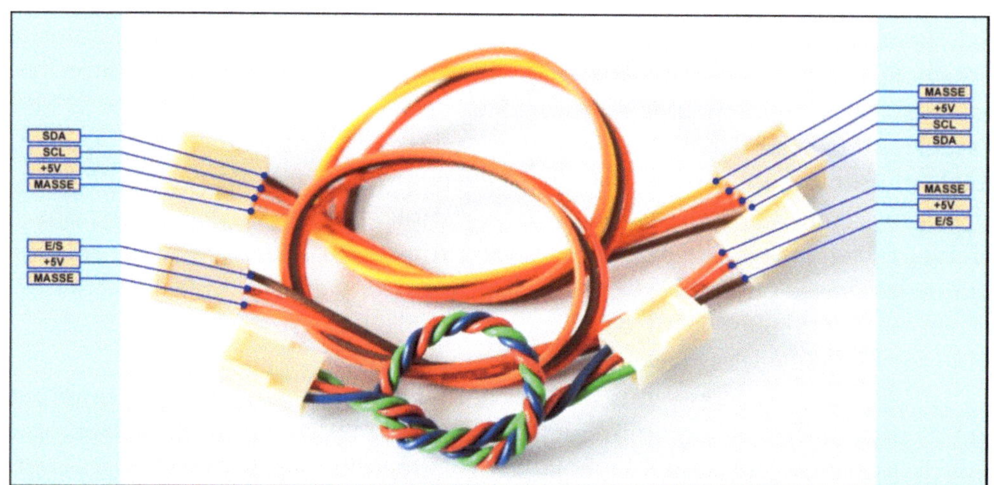

Figure 2.1   Les cordons de liaison à 3 et 4 fils

Enfin, lorsque vous avez le choix et si votre budget le permet, privilégiez des composants de qualité et évitez la récupération, source de pannes.

Nous considérons maintenant que vous savez confectionner les circuits imprimés, ou vous les procurer. Nous ne reviendrons pas sur ces généralités lors des réalisations, mais les points délicats ou particuliers du câblage seront détaillés individuellement.

2.2- LA CARTE PRINCIPALE

2.2.1 - PRÉSENTATION

La carte principale équivaut à une carte mère sur un ordinateur. Elle comporte le microcontrôleur (le module Arduino-UNO dans notre cas) et une alimentation en vue de l'alimenter par une source externe autre qu'un port USB. Les périphériques nécessitant plus de puissance tirerons leur énergie à partir de celle-ci. Elle présente sur ses deux côtés les connecteurs mâles à 3 et 4 broches permettant d'y raccorder les cartes périphériques (ou filles). Il peut s'agir de capteurs rapportant des informations sur les entrées (numériques ou analogiques) ou d'actionneurs de tout genre (relais, buzzer, led, interface de puissance pour moteurs, etc.). La platine principale offre également deux emplacements pour des écrans de visualisation : l'un pour un afficheur alphanumérique LCD de 4 lignes de 20 caractères et l'autre pour un écran TFT couleur de 1,77 pouce.

Carte principale équipée de son module Arduino-UNO

Carte principale côté composants

Carte principale côté soudures avec le module Arduino-UNO

Référez-vous à la **figure 2.2** pour suivre cette étude. Le principe électronique est simple car le module Arduino-UNO se charge pratiquement de tout. Le but premier de notre carte étant d'effectuer la distribution des lignes d'entrée / sortie vers le monde extérieur au moyen de connecteurs fiables et sécurisés par un détrompeur et un brochage astucieux.

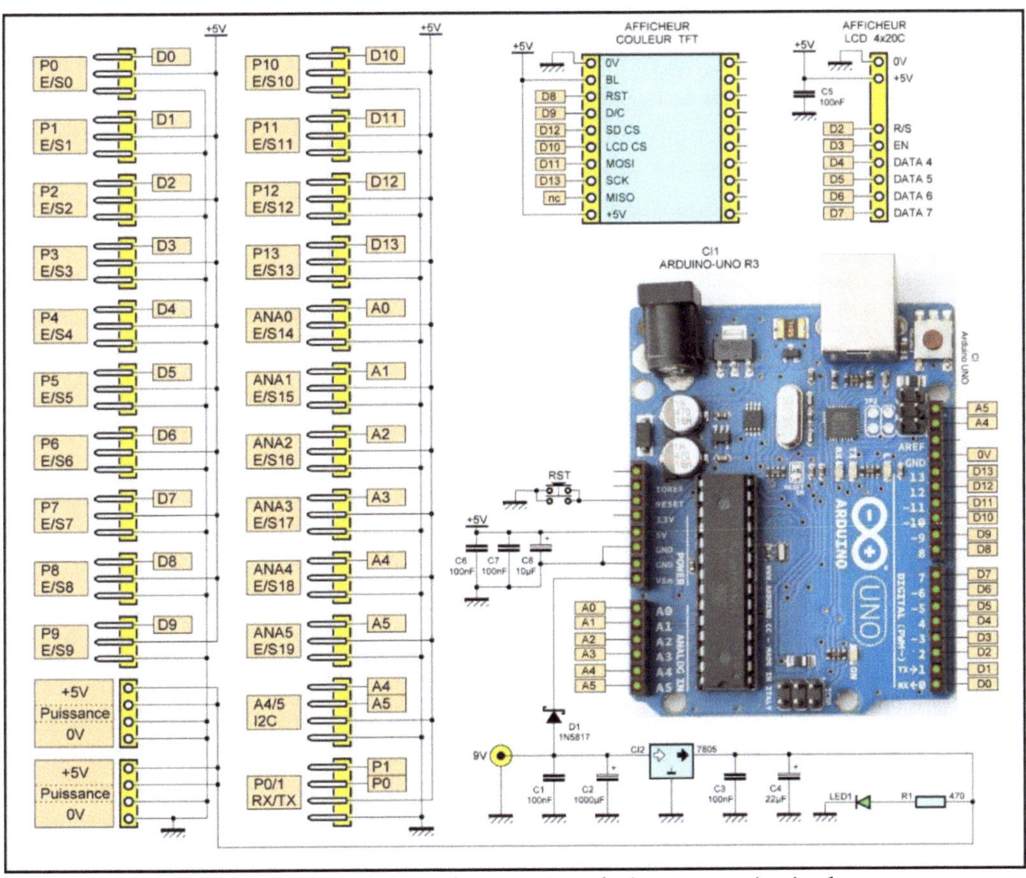

Figure 2.2   Schéma de principe de la carte principale

Les connecteurs pour les entrées / sorties numériques et analogiques comportent trois broches sur lesquelles sont distribuées les alimentations (+5V et 0V) et le signal. Malgré le détrompeur, s'il se produisait une inversion, le fait même de positionner l'alimentation positive au centre évite la destruction du périphérique s'y trouvant raccordé. Notez que nous reprenons le brochage des servomoteurs, par la même occasion, l'inversion se produisant uniquement entre le signal et la masse. Nous limitons ainsi les dégâts et les évitons même dans la plupart des cas. Les 20 lignes de l'Arduino sont raccordées aux connecteurs de cette manière. Nous avons également des connecteurs à quatre broches pour la distribution des ports de communication I^2C et sériel.

Le port I^2C (ou TWI en langage Arduino pour « Two Wires Interface »), outre les alimentations, fournit le signal des données (SDA sur la broche ANA4) et le signal d'horloge (SCL sur la broche ANA5). Sur le connecteur du port sériel, nous trouvons aussi les alimentations, puis le signal de réception (RX sur D0) et le signal d'émission (TX sur D1).

La carte mère peut supporter un écran couleur TFT de 1,77 pouce et un afficheur LCD alphanumérique de 4 lignes de 20 caractères, tout aussi astucieusement à l'aide de connecteurs. Pour des raisons de disposition, ces deux périphériques ne peuvent pas prendre place en même temps sur la carte mère, ce sera l'un ou l'autre. Le premier utilise le port SPI de l'Arduino, le second, plus habituel et plus simple, sert à visualiser toute information alphanumérique. Son fonctionnement requiert moins de capacités que le précédent écran et se gère en mode parallèle sur 4 bits.

Les condensateurs C5 à C8 filtrent et découplent les tensions d'alimentation au plus près des circuits. La touche RST permet d'effectuer une initialisation manuelle du module Arduino. Parmi les 20 lignes d'entrée / sortie, certaines ont des tâches dédiées lors de l'utilisation d'un afficheur ou d'un protocole de communication. Dans ces cas précis, vous ne pourrez donc pas les employer à d'autres fonctions. Référez-vous de nouveau à la **figure 1.1** pour connaître l'attribution de toutes les broches, leurs fonctions et leurs réservations.

Afin de pouvoir commander des périphériques plus gourmands en énergie, nous avons muni notre carte mère d'une alimentation secondaire de +5V permettant également de fournir la tension nécessaire au module Arduino. Même si son courant maximal ne peut pas excéder 0,8A à 1A, elle offre la possibilité de faire quelques expérimentations intéressantes. La tension continue d'entrée est fournie par un bloc secteur de 9V et filtrée par les condensateurs C1 et C2. La diode D1, de type Schottky, alimente l'Arduino par sa broche « Vin ». Le régulateur CI2 stabilise la tension à +5V. Les condensateurs C3 et C4 la filtrent et la découplent. La led1, limitée en courant par la résistance R1, visualise la présence de cette tension disponible sur deux connecteurs femelles à 4 broches.

2.2.3 - RÉALISATION

La **figure 2.3** présente le typon (dessin des pistes) du circuit imprimé. Après gravure et perçage, reportez-vous à la **figure 2.4** pour le travail de câblage. Procédez en suivant les recommandations du paragraphe traitant des généralités. Les condensateurs électrochimiques C4 et C8 se placent horizontalement afin de libérer l'espace pour embrocher les éventuels afficheurs. La touche RST comporte une orientation car ses pattes sont reliées 2 à 2 à l'intérieur. Les connecteurs des afficheurs utilisent des broches de barrettes sécables de type « SIL » femelles. Prenez garde au sens des connecteurs mâles à 3 et 4 broches droits. Le détrompeur vertical représenté en noir vous renseigne.

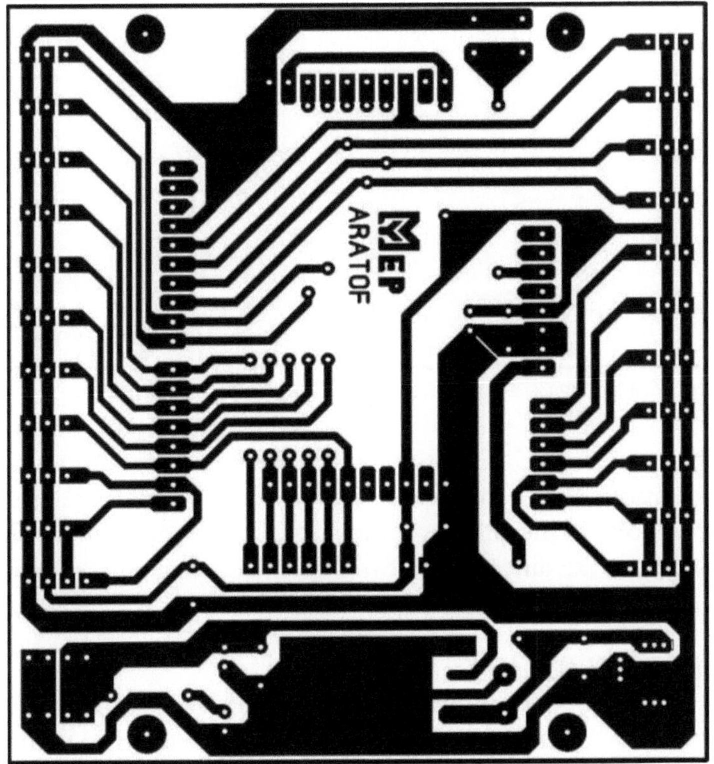

Figure 2.3 Dessin du typon de la carte principale

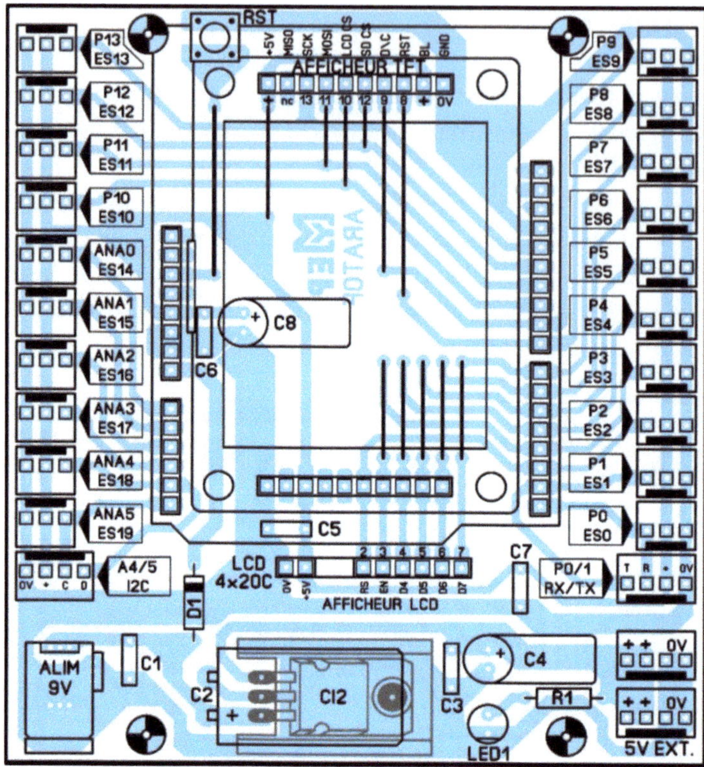

Figure 2.4   Plan d'implantation de principe de la carte principale

Le régulateur de tension CI2, vissé sur son dissipateur thermique, prend place sous le circuit imprimé, du côté des pistes cuivrées. Les connecteurs spéciaux à 6, 8 et 10 broches pour le module Arduino-UNO se soudent en dernier afin de ne pas gêner la suite du travail car leurs broches mâles sont très longues. Le module prend place sous la carte principale.

2.2.4 - LES COMPOSANTS

    Voici la liste des composants nécessaires à la réalisation de cette carte principale, mais également pour interconnecter celle-ci avec les futures platines périphériques.

Résistance 5% 1/2 Watt :
    R1 : 470 Ω (jaune, violet, marron)
Condensateurs :

C1 ; C3 ; C5 à C7 : 100 nF (LCC pas 5,08 mm)

C2 : 1000 µF 25 volts (électrochimique à sorties radiales)

C4 : 22 µF 35 volts (électrochimique à sorties radiales)

<u>**Semi-conducteurs :**</u>

CI1 : Arduino-UNO (Gotronic, St Quentin Radio, etc.)

CI2 : 7805

D1 : 1N5817

Led1 : 5mm verte

<u>**Divers :**</u>

1 Dissipateur thermique ML26

20 Connecteurs droits à 3 broches mâles au pas de 2,54 mm pour circuit imprimé (Gotronic)

4 Connecteurs droits à 4 broches mâles au pas de 2,54 mm pour circuit imprimé (Gotronic)

Plusieurs cordons et connecteurs femelles à 3 et 4 broches 2,54 mm (Gotronic)

1 Embase d'alimentation mâle diamètre 2,1 mm

1 Touche miniature pour circuit imprimé

Cavaliers de configuration

Barrettes sécables type "SIL" mâles et femelles

Barrettes sécables type "tulipe" mâles et femelles

Barrettes à 6, 8 et 10 broches mâles / femelles pour boucliers Arduino (Gotronic)

Visserie métal Ø 3 mm

Entretoises filetées M3 mm

2.3 - LES CARTES D'AFFICHAGE

2.3.1 - AFFICHEUR LCD ALPHANUMÉRIQUE

Cet afficheur économique remplace le moniteur de l'ordinateur lorsque le projet fonctionne de manière autonome. Il permet d'indiquer des valeurs, de donner des informations sur la marche à suivre et même de proposer un petit menu. Il s'agit d'un écran LCD de 4 lignes de 20 caractères.

L'afficheur LCD alphanumérique en place sur la carte principale

Les modèles de 2 lignes de 16 caractères, bien que plus courants et à peine moins chers, nous semblent insuffisants pour un usage efficace. Les deux types fonctionnent électroniquement sur le même principe. Seules les adresses des caractères diffèrent.

Nous avons conçu une platine supportant l'afficheur et ses quelques composants périphériques, s'embrochant directement sur notre carte principale. La **figure 2.5** montre son schéma de principe rudimentaire. L'afficheur LCD étant utilisé en mode 4 bits, nous avons réduit son connecteur au strict nécessaire (EN : la validation, RS: la commutation des registres entre données et instructions, D4 à D7 : les données à traiter) . Le cavalier de configuration autorise, ou non, le rétroéclairage. La résistance R1, que nous avons fixé à 1 ohm, est optionnelle avec beaucoup de modèles d'afficheurs. Reportez vous à la notice de l'afficheur. En cas de doute, choisissez une valeur de 100 ohms par prudence. Le condensateur C1 découple la tension au plus près du circuit. La résistance AJ1 sert à régler le contraste.

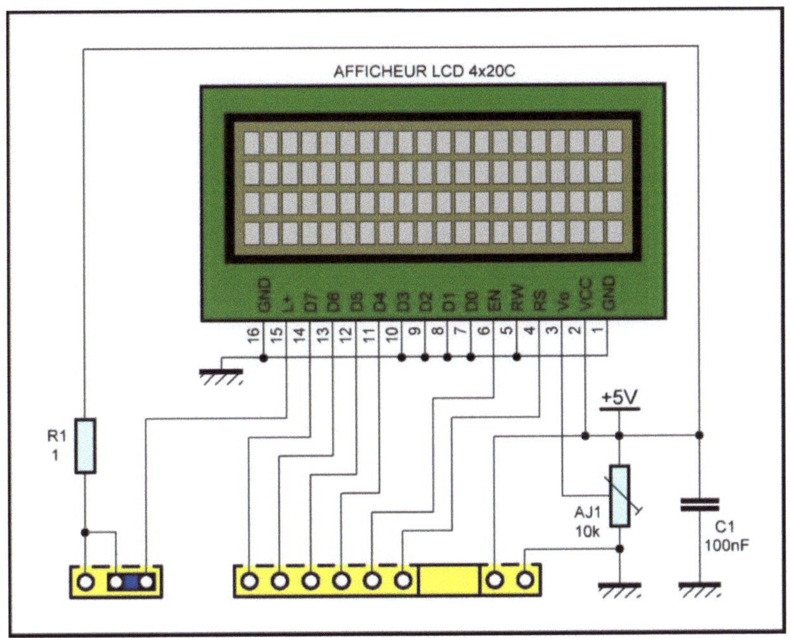

Figure 2.5   Schéma de la platine de l'afficheur LCD

La **figure 2.6** présente le typon (dessin des pistes) du circuit imprimé. Après gravure et perçage, reportez-vous à la **figure 2.7** pour le travail de câblage.

Figure 2.6   Typon de la platine de l'afficheur LCD

Procédez en suivant les recommandations du paragraphe traitant des généralités. L'afficheur LCD s'embroche sur des connecteurs de type « tulipe » femelle sur la platine et mâle / mâle à souder sur l'afficheur. Il se visse au moyen d'entretoises filetées M3 de 10 mm de longueur. Une astuce : vissez d'abord l'afficheur sur la platine avec ses connecteurs et effectuez les soudures ensuite. Une fois sous tension et en l'absence de données, vous devez régler AJ1 pour voir des rectangles bien définis sur les lignes 1 et 3.

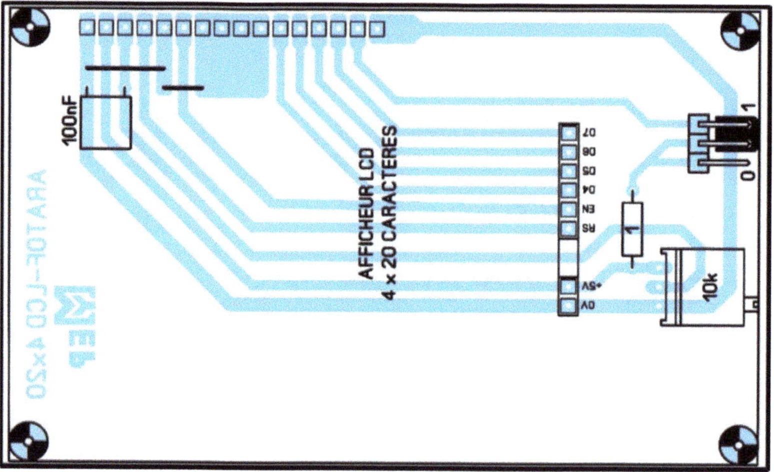

Figure 2.7   Implantation de la platine de l'afficheur LCD

LES COMPOSANTS
Résistance 5% 1/2 Watt :

    R1 : 1 à 100 Ω (selon modèle, voir texte)

Condensateur :

    C1 : 100 nF (LCC pas 5,08 mm)

Semi-conducteur :

    Afficheur LCD alphanumérique 4x20 caractères (Gotronic, St Quentin Radio, etc.)

Divers :

    Cavaliers de configuration
    Barrettes coudées sécables type "SIL" mâles
    Barrettes sécables type "tulipe" mâles / mâles
    Visserie métal $\varnothing$ 3 mm et entretoises filetées M3 mm

2.3.2 - AFFICHEUR TFT EN COULEURS

L'afficheur TFT couleur en place sur la carte principale

Ce petit écran (1,77 pouce) provient de la carte Arduino Esplora, pour laquelle il a été conçu. Il est malgré cela disponible à la vente séparément.

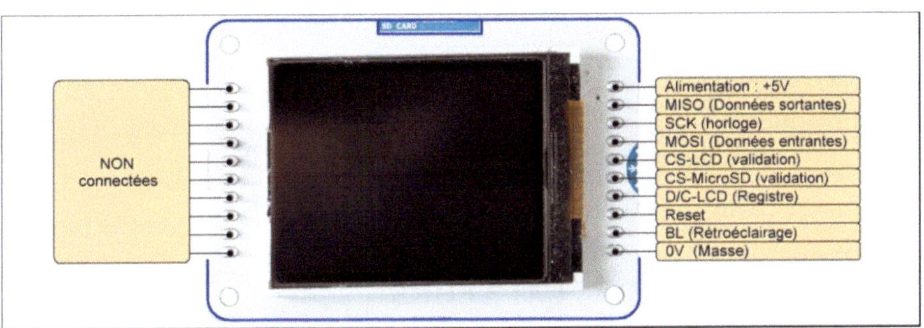

Figure 2.8 Photo et brochage de l'afficheur TFT

Il utilise le port SPI de l'Arduino pour communiquer et offre une résolution de 160 x 128 pixels permettant de traiter des graphiques et des images

en couleurs. De plus, il est muni d'un support de carte mémoire au standard
« MicroSD » permettant de stocker des fichiers d'images, de données, etc.

La **figure 2.8** donne la photo de celui-ci et présente le brochage de son
connecteur. Il est vendu complet, il suffit de l'embrocher. Le connecteur gauche
ne sert à rien électriquement, mais permet un maintien stable sur son support.
Voici, du haut vers le bas, les fonctions de chaque broche du connecteur droit.

- Alimentation de l'écran sous +5V.
- « MISO » données sortantes (de l'afficheur vers l'Arduino-UNO nous ne
  l'utilisons pas).
- « SCK » signal d'horloge pour synchroniser la communication.
- « MOSI » données entrantes (de l'Arduino-UNO vers l'écran).
- « CS-LCD » signal de validation de l'afficheur.
- « CS-MicroSD » signal de validation pour accéder à la carte mémoire
  MicroSD.
- « D/C-LCD » bascule du registre permettant d'envoyer une commande ou
  une donnée à l'afficheur.
- « Reset » broche d'initialisation.
- « BL » pour « Back Light » tension du rétroéclairage de l'afficheur.
- Masse de l'alimentation.

Le logement de la carte mémoire au format MicroSD se situe en haut,
sous l'écran. Dans cet ouvrage déjà très complet, nous ne mettons pas à profit ce
périphérique. Son utilisation ne présente pas de difficultés pour les lecteurs initiés.

LE COMPOSANT
Semi-conducteur :
Afficheur TFT graphique couleurs 1,77» (Gotronic ref. 31066)

2.4 – LES CARTES DES CAPTEURS

2.4.1 - CARTE AVEC UN POTENTIOMÈTRE
Comme la plupart des capteurs, cette petite platine se compose de très
peu de composants. Le fait de recourir à des petites cartes électroniques permet
d'expérimenter à l'infini sans avoir de soudures à réaliser par la suite. Il suffit de

les raccorder à la carte principale et de programmer. La **figure 2.9** donne le schéma de principe. Le connecteur à 3 broches véhicule le signal et les alimentations (+5V et masse).

La carte supportant un potentiomètre Cermet

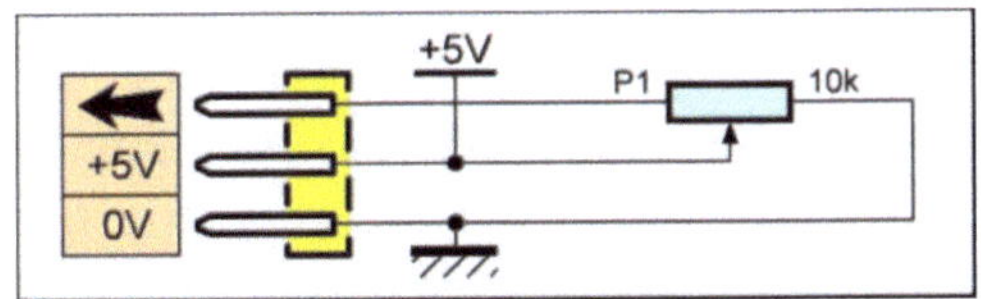

Figure 2.9   Schéma de la platine « potentiomètre »

Figure 2.10   Typon

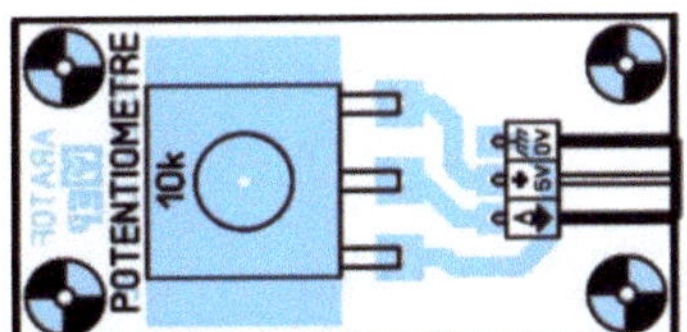

Figure 2.11   Implantation

Le potentiomètre reçoit l'alimentation sur ses broches extrêmes. Son curseur recueille une partie de cette tension, disponible sur la broche « signal » du connecteur. Pour lire cette valeur, il faut faire appel à une entrée du convertisseur analogique vers digital de l'Arduino-UNO (ANA0 à ANA5). Une entrée numérique (D0 à D13) ne verrait que les positions maximales et les interpréterait comme un « 0 » ou un « 1 ». Le typon du circuit imprimé est représenté à la **figure 2.10** et la **figure 2.11** donne l'implantation des deux pièces. Il convient d'aléser le perçage destiné à l'axe pour visser le potentiomètre sur la platine. Les trois pattes se soudent directement sur la face cuivrée.

LES COMPOSANTS

<u>**Potentiomètre :**</u>

    P1 : 10 kΩ (linéaire) Cermet simple avec axe de 4 mm

<u>**Divers :**</u>

    1 Connecteur coudé à 3 broches mâles au pas de 2,54 mm pour circuit imprimé (Gotronic)

2.4.2 - CARTE AVEC UN JOYSTICK SUR DEUX AXES

La **figure 2.12** montre le schéma de principe de cette carte comportant un joystick sur deux axes : « X » et « Y » et une touche en bout d'axe. Ce composant se compose de deux potentiomètres montés à 90° et dont la position de repos se situe au centre de chaque piste. Il est possible, en poussant sur le manche, d'aller vers +X, -X, +Y, -Y ou de combiner les déplacements vers les diagonales. La touche s'actionne en appuyant sur la tête de l'axe central. Chaque potentiomètre reçoit l'alimentation sur ses broches extrêmes. Les deux curseurs recueillent une partie de cette tension, disponibles sur les broches « signal » des deux connecteurs. Pour lire ces valeurs, il faut également faire appel à deux entrées du convertisseur analogique vers digital de l'Arduino-UNO (ANA0 à ANA5). L'Arduino analyse l'état logique de la touche par une entrée numérique raccordée au troisième connecteur. Le typon du circuit imprimé est représenté à la **figure 2.13** et la **figure 2.14** donne l'implantation des composants.

LES COMPOSANTS

<u>**Résistance 5% 1/2 Watt :**</u>

    R1 : 10 kΩ (marron, noir, orange)

<u>**Divers :**</u>

1 Joystick miniature pour circuit imprimé (Gotronic ref. 31289)

3 Connecteurs coudés à 3 broches mâles au pas de 2,54 mm pour circuit imprimé (Gotronic)

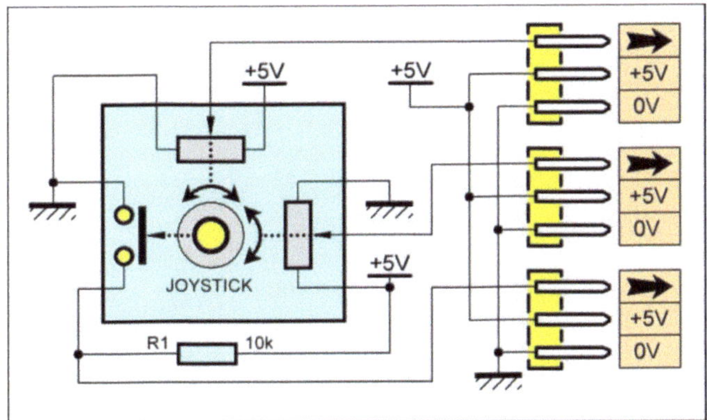

Figure 2.12 Schéma de la platine « joystick »

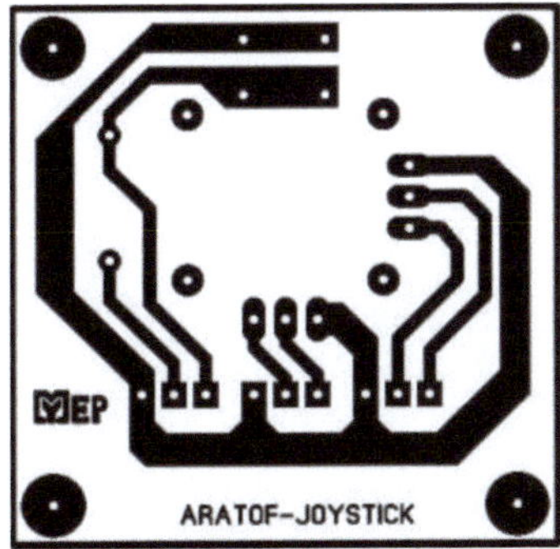

Figure 2.13 Typon

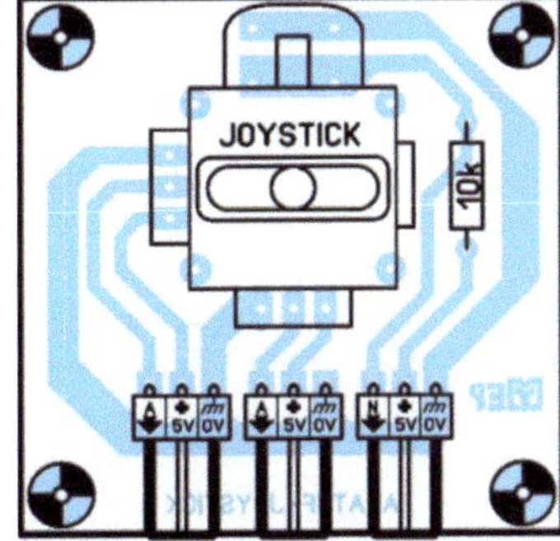

Figure 2.14 Implantation

2.4.3 - CARTE AVEC UNE TOUCHE

A l'observation du schéma de principe de la **figure 2.15** vous pouvez constater qu'il s'agit de la plus simple de nos cartes. Comme sur toutes les cartes, le connecteur distribue les alimentations. Au repos, la résistance R1 positionne l'entrée numérique reliée à la broche signal du connecteur, au niveau haut (1 ou +5V). Lors de l'appui, celle-ci est forcée au niveau bas (0 ou masse). Le typon du circuit imprimé est représenté à la **figure 2.16** et la **figure 2.17** donne l'implantation des composants. Prenez garde à l'orientation de la touche car ses pattes sont reliées 2 à 2 à l'intérieur.

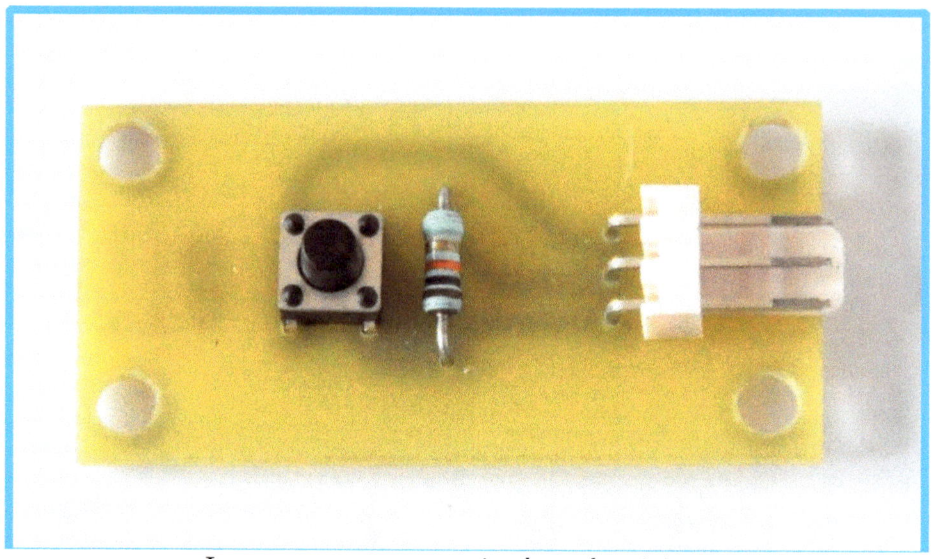

La carte supportant une simple touche miniature

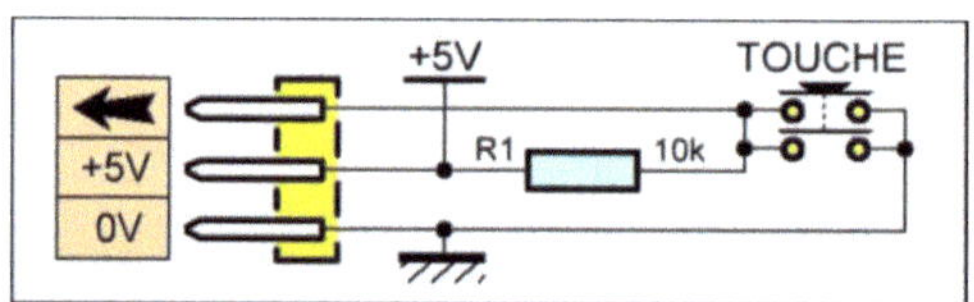

Figure 2.15   Schéma de la platine « 1 touche »

Figure 2.16   Typon

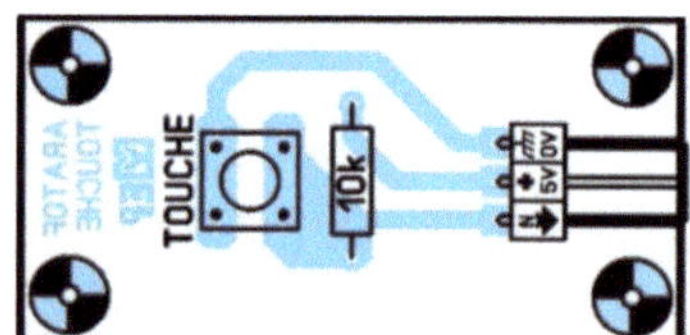

Figure 2.17   Implantation

Résistance 5% 1/2 Watt :

    R1 : 10 kΩ (marron, noir, orange)

Divers :

    1 Touche miniature pour circuit imprimé

    1 Connecteur coudé à 3 broches mâles au pas de 2,54 mm pour circuit imprimé (Gotronic)

2.4.4 - CARTE AVEC NEUF TOUCHES

La carte supportant un clavier à neuf touches miniatures

S'il est assez simple de lire l'état logique d'une touche à partir d'une entrée digitale, il en faudrait 9 pour gérer 9 touches. La carte devrait également comporter 9 connecteurs et serait presque aussi imposante que la carte mère !

Nous allons contourner ce problème en utilisant une entrée du convertisseur analogique vers digital (ANA0 à ANA5).

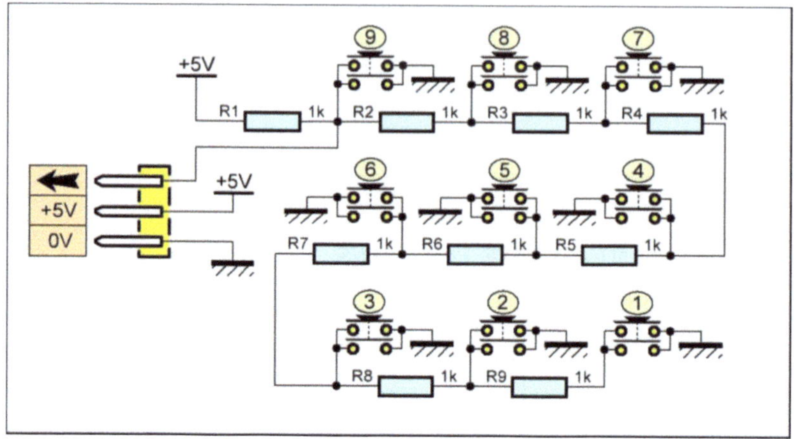

Figure 2.18   Schéma de la platine « 9 touches »

La **figure 2.18** donne le schéma de principe retenu. Les résistances R1 à R9 montées en série se comportent tel un diviseur de tension. Les touches 1 à 9 court-circuitent une fraction de la tension lorsqu'elles sont actionnées. En analysant cette valeur sur l'entrée analogique, le programme peut aisément déterminer quelle touche a été appuyée. Le typon du circuit imprimé est représenté à la **figure 2.19** et la **figure 2.20** donne l'implantation des composants. Comme précédemment, prenez garde à l'orientation des touches.

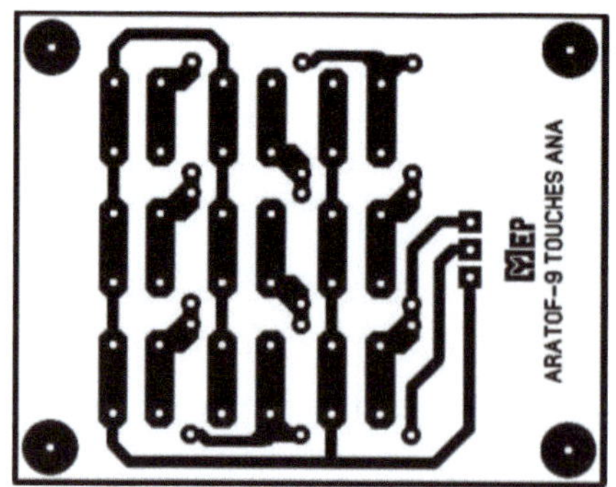

Figure 2.19   Typon

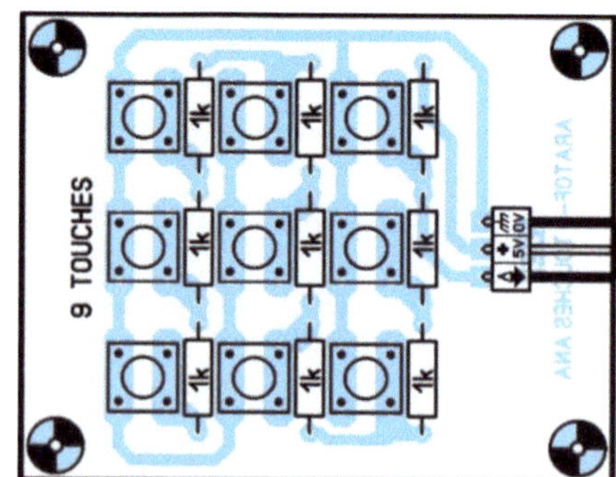

Figure 2.20   Implantation

36

LES COMPOSANTS

Résistances 5% 1/2 Watt :

    R1 à R9 : 1 kΩ (marron, noir, rouge)

Divers :

    9 Touches miniatures pour circuit imprimé

    1 Connecteur coudé à 3 broches mâles au pas de 2,54 mm pour circuits imprimés (Gotronic)

2.4.5 - CARTE AVEC UNE CELLULE PHOTOSENSIBLE

Cette carte sert à mesurer le niveau d'éclairement d'une cellule photosensible (LDR). Le schéma de principe est représenté sur la **figure 2.21**. La LDR est montée en série avec la résistance R1 de forte valeur sur les lignes d'alimentation. Lors de l'éclairement de la LDR, sa résistance interne diminue.

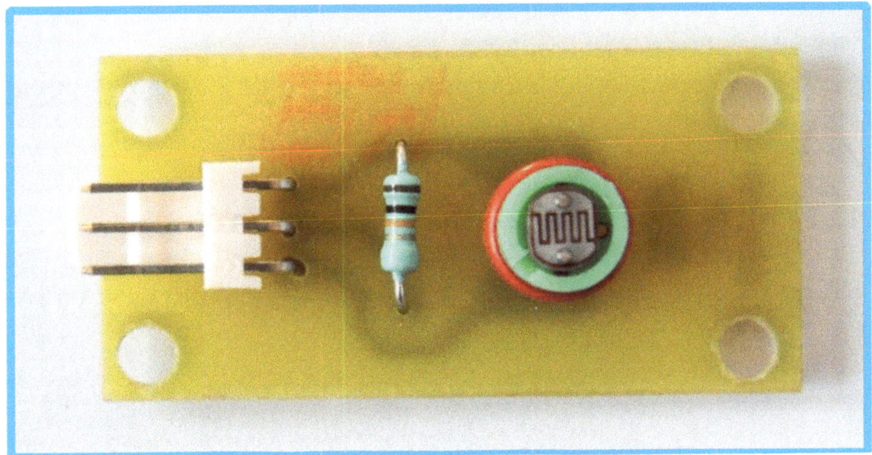

La carte supportant une cellule photosensible

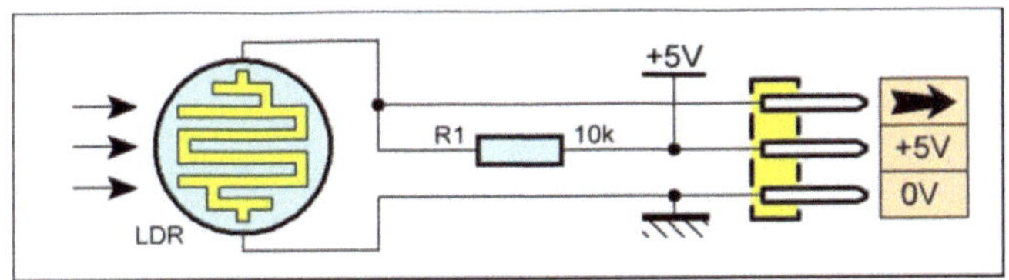

Figure 2.21   Schéma de la platine « cellule photosensible »

En conséquence, la tension sur la broche signal diminue également. L'analyse fait appel à une entrée du convertisseur Analogique / numérique (ANA0 à ANA5) sur 10 bits. Le typon du circuit imprimé est représenté à la **figure 2.22** et la **figure 2.23** donne l'implantation des composants.

Figure 2.22 Typon

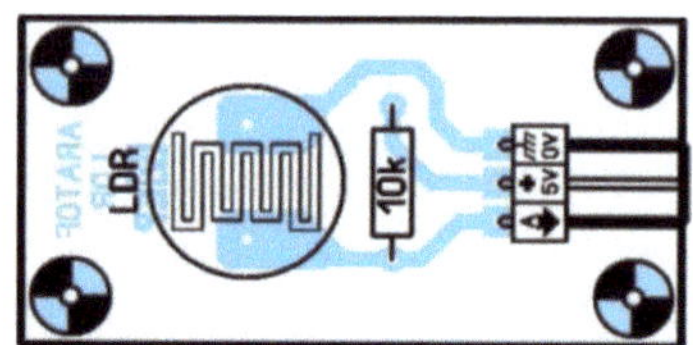

Figure 2.23 Implantation

LES COMPOSANTS
<u>Résistance 5% 1/2 Watt :</u>
> **R1 :** 10 kΩ (marron, noir, orange)

<u>Divers :</u>
> 1 Cellule photorésistante (LDR) 5mm
> 1 Connecteur coudé à 3 broches mâles au pas de 2,54 mm pour circuits imprimés (Gotronic)

2.4.6 - CARTE AVEC UNE SONDE DE TEMPÉRATURE
Notre série de capteurs simples serait incomplète sans une sonde de température. Le schéma de principe de la **figure 2.24** ne pourrait se simplifier.

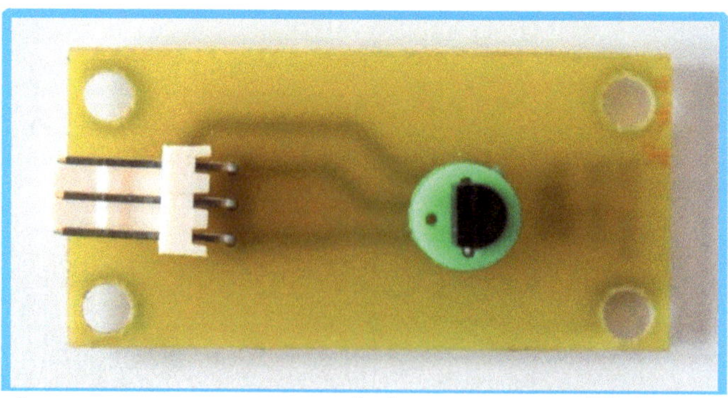

La carte supportant une sonde de température « TMP36 »

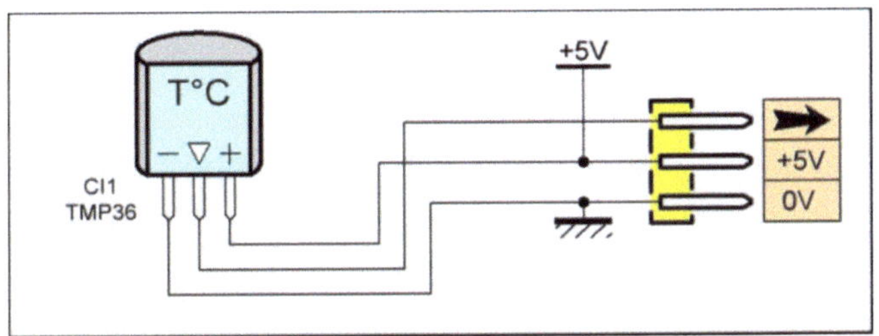

Figure 2.24 Schéma de la platine « sonde de température »

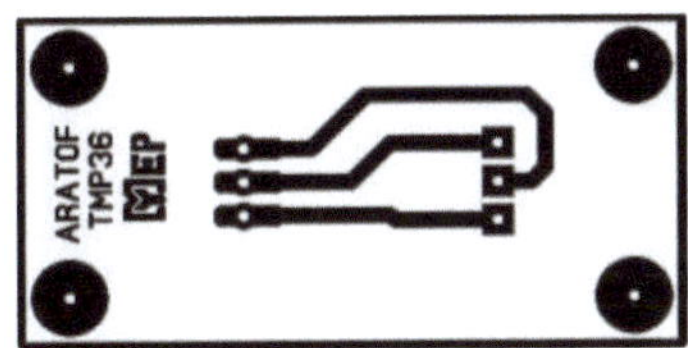
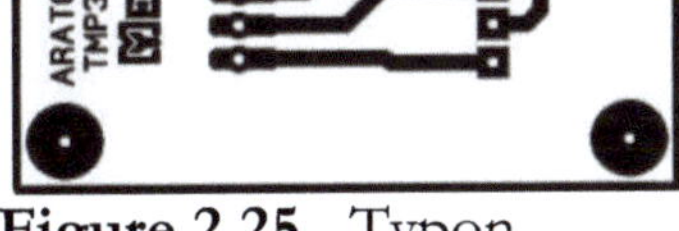

Figure 2.25 Typon

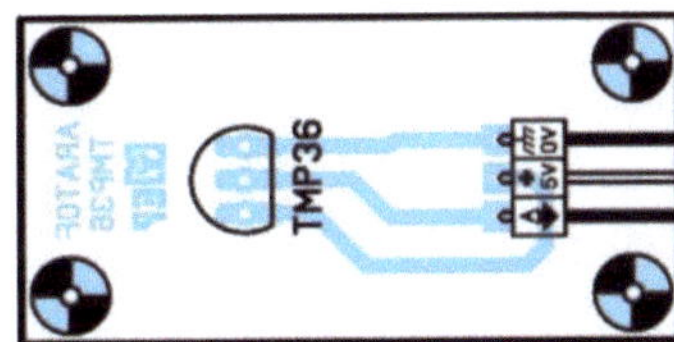

Figure 2.26 Implantation

La sonde se trouve directement raccordée aux 3 broches du connecteur. Il s'agit d'un circuit intégré sophistiqué : le TMP36. Sa large plage de températures s'étale avec précision de -40°C à +125°C avec une tension de 10mV par degré Celsius et de 750mV à 25°C.   Une entrée du convertisseur Analogique / numérique (ANA0 à ANA5) sur 10 bits analyse l'amplitude du signal reçu et l'Arduino-UNO effectue les calculs nécessaires pour afficher une température cohérente en degrés Celsius et Fahrenheit. Le typon du circuit imprimé est représenté à la **figure 2.25** et la **figure 2.26** donne l'implantation des composants.

LES COMPOSANTS
Semi-conducteur :

     CI1 : Sonde de température TMP36 (Gotronic, St Quentin Radio, etc.)

Divers :

     1 Connecteur coudé à 3 broches mâles au pas de 2,54 mm pour circuits imprimés (Gotronic)

2.4.7 - CARTE AVEC UN CAPTEUR INFRAROUGE

Pour permettre à notre module Arduino-UNO de recevoir les informations d'une télécommande infrarouge, il faut une carte équipée du récepteur. Celui-ci est construit pour analyser un signal infrarouge codé sur une porteuse de 38kHz comme le montre son schéma synoptique interne sur la **figure 2.27**.

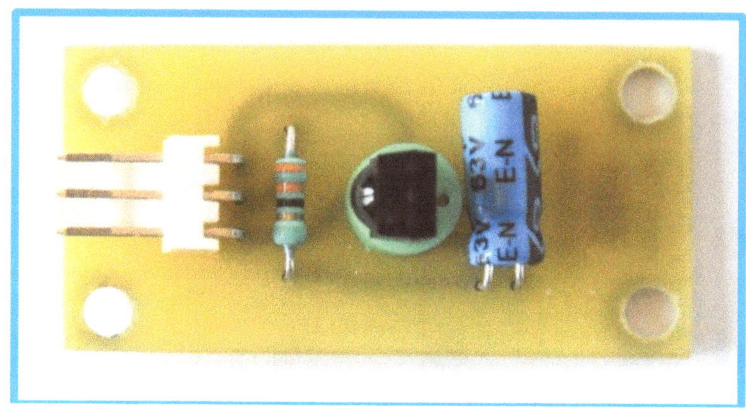

La carte supportant un capteur infrarouge TSOP4838

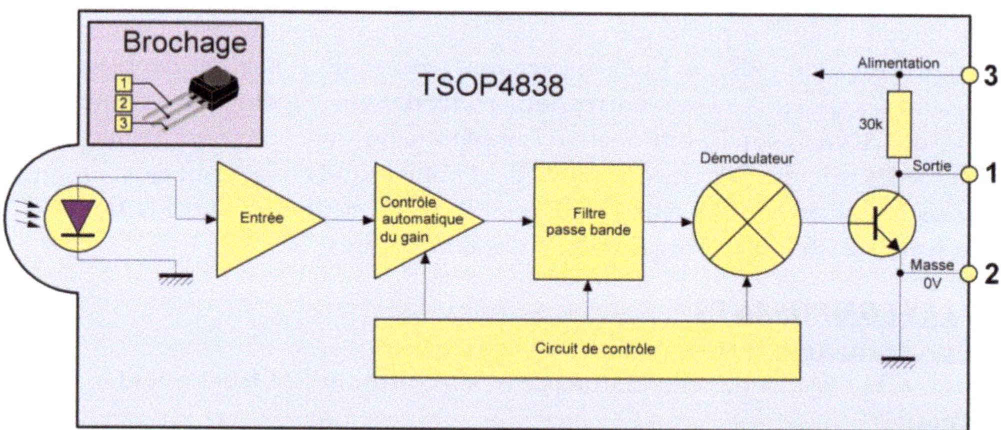

Figure 2.27 Synoptique interne et brochage du capteur infrarouge TSOP4838

La **figure 2.28** donne le schéma de principe. La résistance R1 achemine sa tension positive et le condensateur C1 la filtre. Le signal de sortie attaque directement une entrée numérique de l'Arduino-UNO. Compte tenu de la complexité du signal, il est nécessaire d'installer la librairie additionnelle (gratuite) «IRremote » pour son traitement.

40

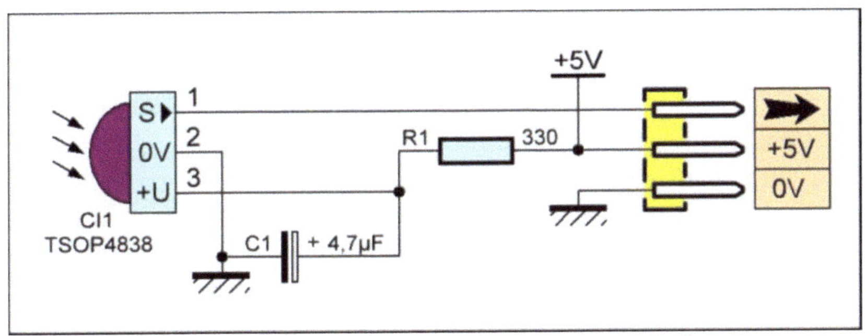

Figure 2.28 Schéma de la platine « capteur infrarouge »

Malgré la simplicité de cette platine, vous verrez que l'Arduino-UNO, accompagné de cette bibliothèque et muni de ce capteur, sera en mesure d'analyser avec précision plusieurs standards de télécommandes. Le typon du circuit imprimé est représenté à la **figure 2.29** et la **figure 2.30** donne l'implantation des composants.

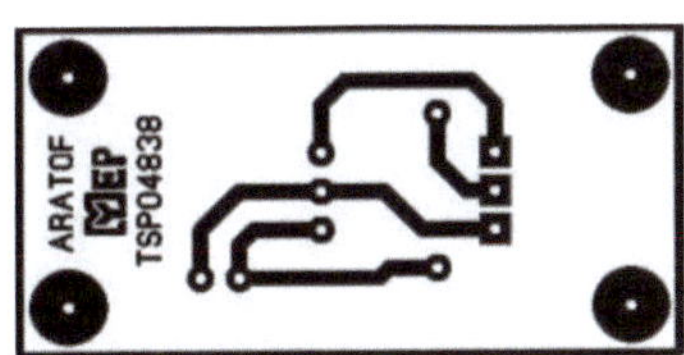

Figure 2.29 Typon

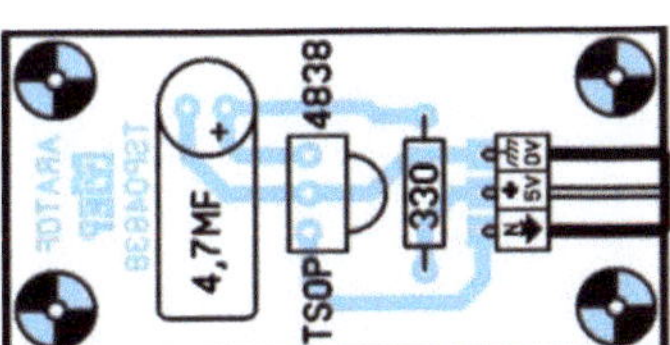

Figure 2.30 Implantation

LES COMPOSANTS

Résistance 5% 1/2 Watt :

R1 : 330 Ω (orange, orange, marron)

Condensateur :

C1 : 4,7 µF 35 volts (électrochimique à sorties radiales)

Semi-conducteur :

CI1 : Capteur infrarouge TSOP4838 (Gotronic, St Quentin Radio, etc.)

Divers :

1 Connecteur coudé à 3 broches mâles au pas de 2,54 mm pour circuit imprimé (Gotronic)

2.4.8 - CARTE AVEC UN CAPTEUR ULTRASONIQUE

Cette carte permet, au moyen d'un capteur ultrasonique SRF05, de mesurer une distance comprise entre 2 cm et plusieurs mètres avec une très bonne précision. La **figure 2.31** donne le schéma de principe.

Le capteur tire son alimentation en 5V des connecteurs. Un cavalier de configuration offre la possibilité de le gérer en mode 2 lignes numériques (1 en entrée et 1 en sortie) ou en mode 1 ligne passant alternativement en entrée et en sortie selon nécessité.

Le typon du circuit imprimé est représenté à la **figure 2.32** et la **figure 2.33** donne l'implantation des composants.

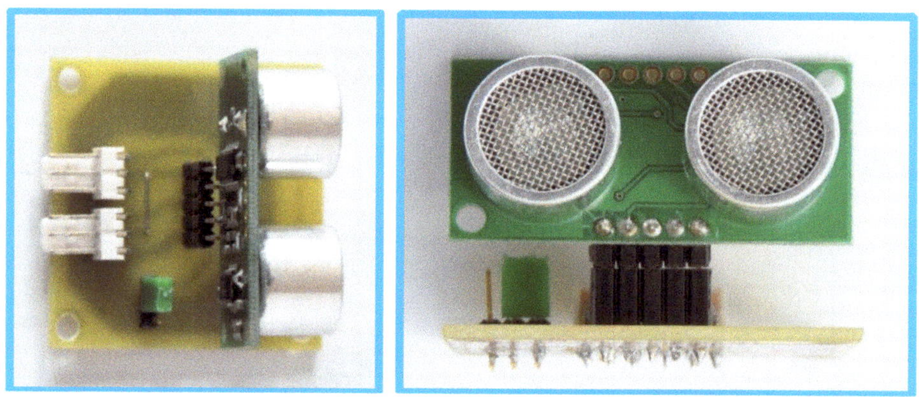

La carte supportant un capteur ultrasonique « SRF05 »

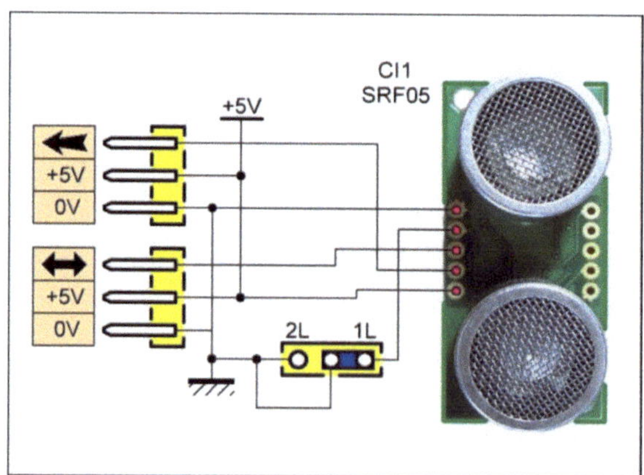

Figure 2.31   Schéma de la platine « capteur ultrasonique »

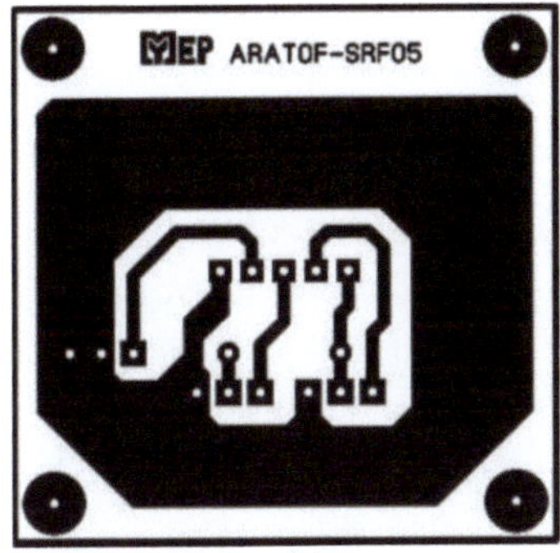

Figure 2.32 Typon

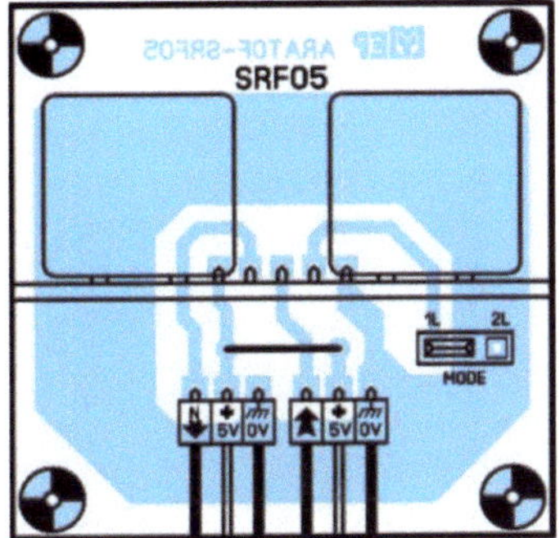

Figure 2.33 Implantation

LES COMPOSANTS

Semi-conducteur :

   CI1 : Capteur à ultrasons SRF05 (Gotronic, St Quentin Radio, etc.)

Divers :

   1 Cavalier de configuration

   Barrettes droites sécables type "SIL" mâles

   2 Connecteurs coudés à 3 broches mâles au pas de 2,54 mm pour circuit imprimé (Gotronic)

2.4.9 - CARTE AVEC UN CAPTEUR SONORE

   Il peut être utile et même nécessaire dans certains cas d'analyser les bruits ambiants. C'est le rôle de ce capteur dont le schéma de principe est représenté à la **figure 2.34**. Le microphone à électret reçoit les sons. Il s'agit d'un modèle à deux broches avec l'alimentation et la modulation sur un fil et un second pour la masse. La résistance R1 se charge d'acheminer la tension positive. Le condensateur C1 assure la liaison du signal audio vers l'entrée non-inverseuse du premier amplificateur opérationnel (CI1). La résistance R2 fixe l'impédance d'entrée. Les résistances R3 et R4 (contre réaction) déterminent le gain en tension très élevé de cet étage. Les condensateurs C2 et C3 filtrent et découplent la tension au plus près du circuit intégré. La sortie du premier amplificateur opérationnel attaque l'entrée non-inverseuse du second, monté en étage tampon (gain unitaire). Le signal de sortie est redressé par la diode D1, filtré par C4 et chargé par R5. La Led1, limitée en courant par la résistance R6, visualise la présence de la tension d'alimentation.

La carte supportant le montage du capteur sonore

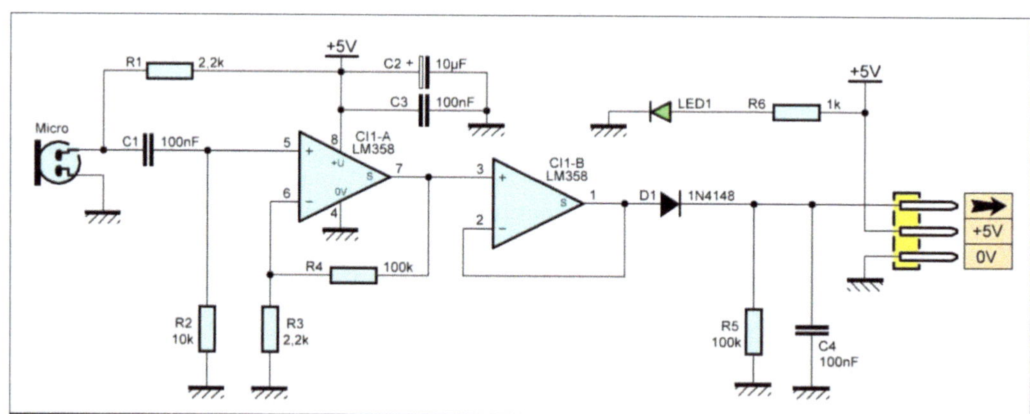

Figure 2.34   Schéma de la platine « capteur sonore »

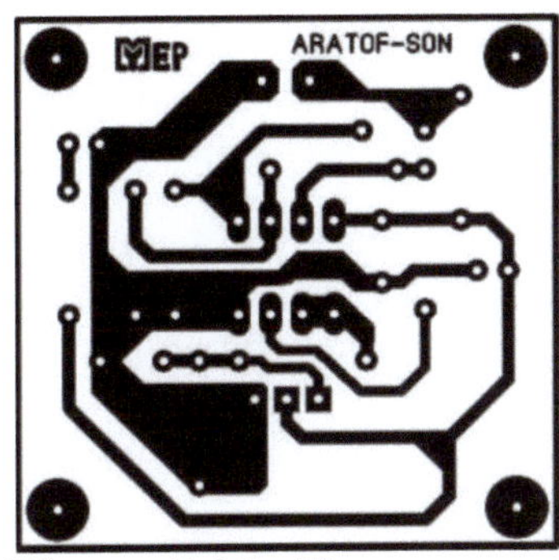

Figure 2.35   Typon

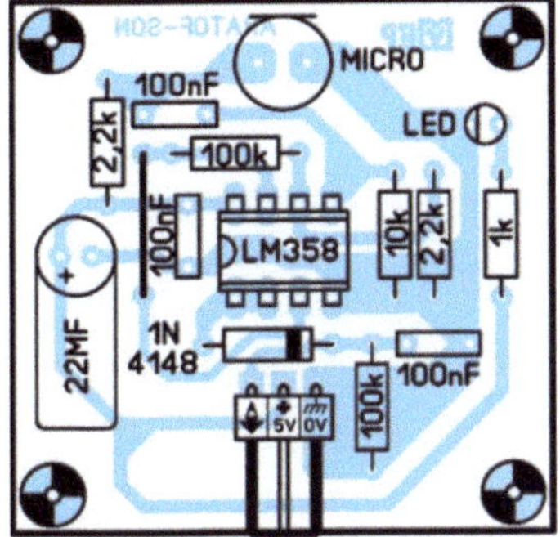

Figure 2.36   Implantation

Le signal de sortie varie en fonction du niveau sonore détecté dans une plage s'étendant de 0V à +5V, sans jamais atteindre cette valeur maximale. L'Arduino-UNO analyse cette amplitude sur une entrée du convertisseur Analogique / numérique (ANA0 à ANA5) sur 10 bits. La valeur lue varie entre 0 et 1023, sans jamais atteindre, là non plus le maximum. Le typon du circuit imprimé est représenté à la **figure 2.35** et la **figure 2.36** donne l'implantation des composants.

LES COMPOSANTS
<u>Résistances 5% 1/2 Watt :</u>

      R1 ; R3 : 2,2 kΩ (rouge, rouge, rouge)

      R2 : 10 kΩ (marron, noir, orange)

      R4 ; R5 : 100 kΩ (marron, noir, jaune)

      R6 : 1 kΩ (marron, noir, rouge)

<u>Condensateurs :</u>

      C1 ; C3 ; C4 : 100 nF (LCC pas 5,08 mm)

      C2 : 10 à 22 µF 35 volts (électrochimique à sorties radiales)

<u>Semi-conducteurs :</u>

      CI1 : LM358

      D1 : 1N4148

      Led1 : 3mm verte

<u>Divers :</u>

      1 Microphone à électret à 2 fils.

      1 Connecteur coudé à 3 broches mâles au pas de 2,54 mm pour circuit imprimé (Gotronic)

2.4.10 - CARTE AVEC UN ENCODEUR ROTATIF

Cet organe de commande remplace élégamment un potentiomètre. Un encodeur rotatif ne donne pas une position absolue de son axe, le programme doit déterminer le sens de rotation et la valeur d'un compteur.

La carte supportant un encodeur rotatif

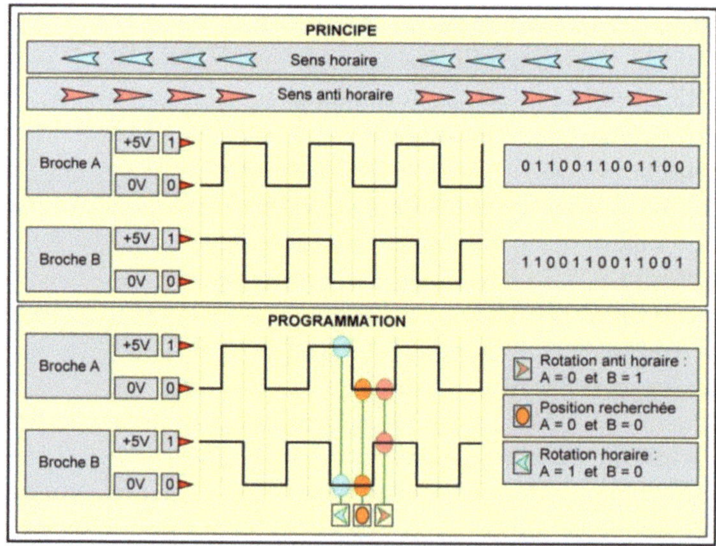

Figure 2.37 Oscillogramme de fonctionnement des contacts de l'encodeur

Sa rotation s'effectue sur 360° (pas de butée). De plus, il est muni d'un contact, assimilable à une touche, qui se déclenche par une action verticale sur l'axe. Sa technologie interne est très différente d'un potentiomètre, il ne comporte plus de résistances, mais deux contacts dont les signaux électriques subissent un déphasage de 90° l'un par rapport à l'autre. Il fournit 15 impulsions sur 30 crans.

La **figure 2.37** montre l'oscillogramme de fonctionnement des contacts « A » et « B ». La section supérieure représente les niveaux électriques des deux contacts et leur décalage. La partie inférieure visualise la manière retenue pour la programmation.

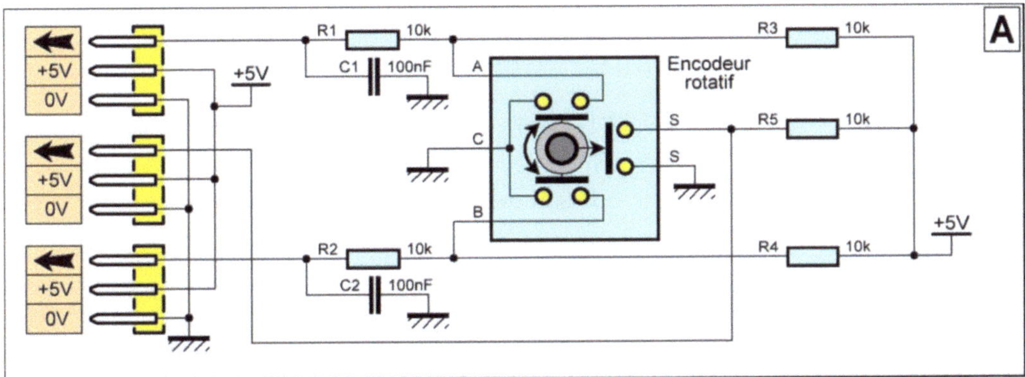

Figure 2.38   Schéma de la platine « encodeur rotatif incrémental »

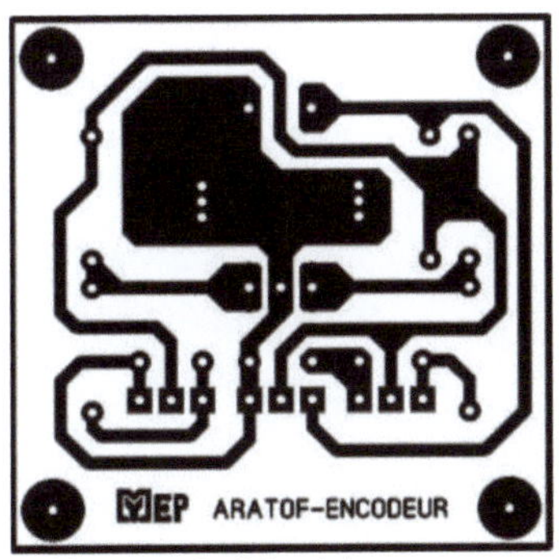

Figure 2.39   Typon

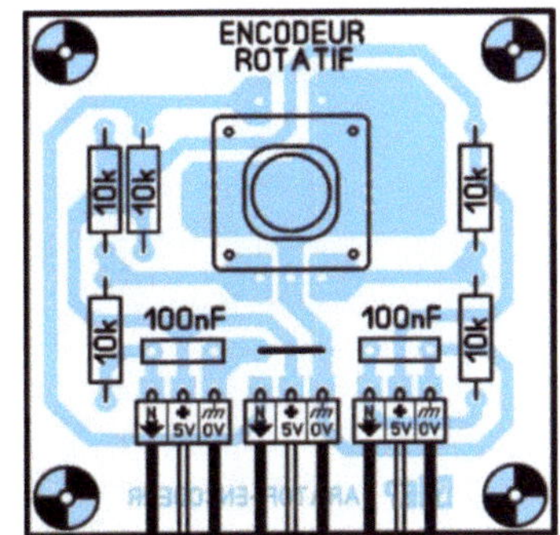

Figure 2.40   Implantation

La **figure 2.38** donne le schéma de principe à suivre. Toutes les lignes raccordées aux entrées numériques de l'Arduino-UNO sont positionnées au niveau haut par les résistances R3 à R5. Lors de l'appui sur l'axe, le contact « S » central force l'entrée au potentiel de la masse. Les lignes « A » et « B » de l'encodeur produisent des rebonds indésirables lors de la rotation. Afin d'éviter ce désagrément jouant sur la fiabilité du comptage, les résistances R1, R2 et les condensateurs C1, C2 forment deux circuits anti-rebonds. Le typon du circuit imprimé est représenté à la **figure 2.39** et la **figure 2.40** donne l'implantation des composants.

LES COMPOSANTS

Résistances 5% 1/2 Watt :

    R1 à R5 : 10 kΩ (marron, noir, orange)

Condensateurs :

    C1 ; C2 : 100 nF (LCC pas 5,08 mm)

Divers :

    3 Connecteurs coudés à 3 broches mâles au pas de 2,54 mm pour circuit imprimé (Gotronic)

    1 Encodeur rotatif avec contact ALPS EC11E15244G1 (Gotronic ref. 22620, etc.)

2.5 - LES CARTES DES ACTIONNEURS

2.5.1 - CARTE AVEC UNE LED SIMPLE

A l'observation du schéma de principe de la **figure 2.41** vous pouvez constater qu'il s'agit encore d'une carte très simple.

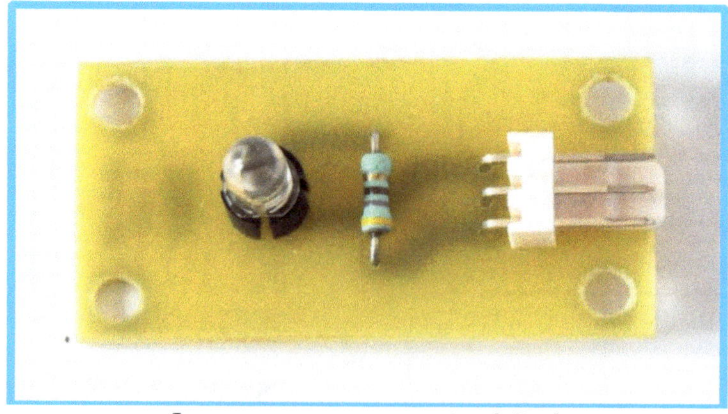

La carte supportant une simple Led

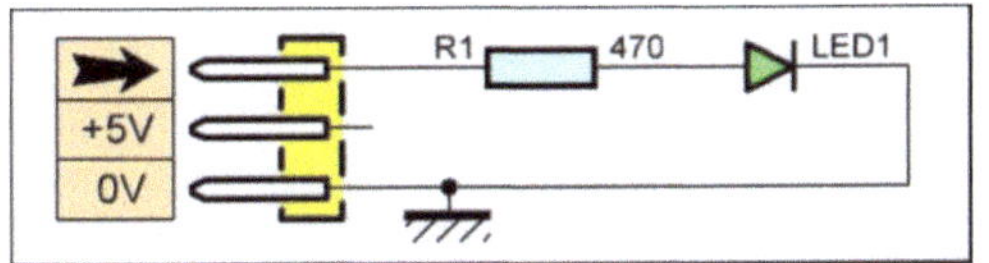

Figure 2.41   Schéma de la platine à une led

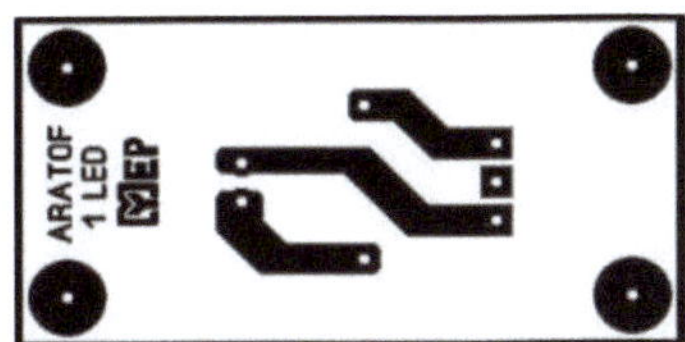

Figure 2.42   Typon

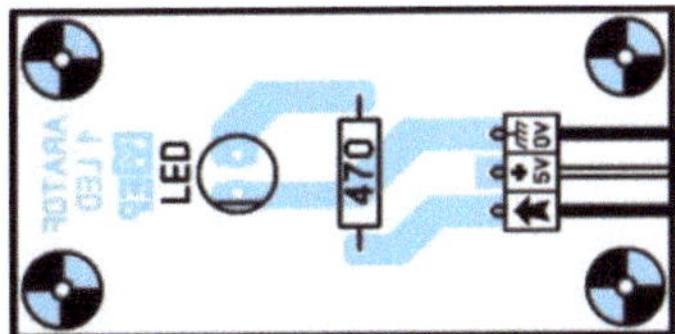

Figure 2.43   Implantation

A l'instar des platines d'entrée, le connecteur à trois points distribue les alimentations. La broche de donnée ne transmet plus un signal, mais le reçoit en vue de mettre l'actionneur en fonction. Pour cette première carte, il s'agit d'une simple led. Notez que la tension positive (+5V) n'est pas utile pour cette platine. La résistance R1 limite le courant circulant dans la LED1 à une valeur acceptable par celle-ci et surtout pour la sortie du module Arduino-UNO. Le typon du circuit imprimé est représenté à la **figure 2.42** et la **figure 2.43** donne l'implantation des composants. Prenez garde à l'orientation de la led.

LES COMPOSANTS
__Résistance 5% 1/2 Watt :__
R1 : 470 Ω (jaune, violet, marron)
__Semi-conducteur :__
Led1 : 5mm verte
__Divers :__
1 Connecteur coudé à 3 broches mâles au pas de 2,54 mm pour circuit imprimé (Gotronic)

2.5.2 - CARTE AVEC UNE LED RVB (3 COULEURS DE BASE)

Sur le principe précédent, il est possible l'alimenter plusieurs leds, ou plutôt, une led capable de produire les trois couleurs de base (Rouge, Vert et Bleu). En dosant judicieusement ces trois teintes, nous obtenons pratiquement toutes les couleurs imaginables, comme le montre la **figure 2.44**. Il suffit de faire varier la luminosité de chacune d'elles par un signal modulé en largeur d'impulsion MLI ou PWM).

La carte supportant une Led RVB à 4 broches

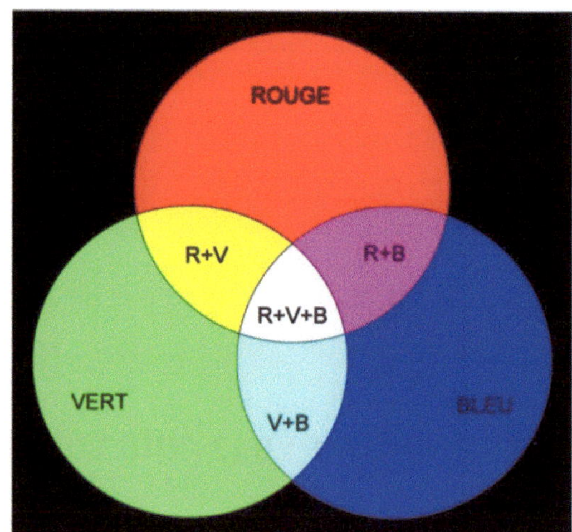

Figure 2.44 Couleurs principales générées avec les 3 couleurs de base

50

Un petit problème subsiste : les sorties de l'Arduino-UNO ne peuvent pas drainer un courant suffisant pour chaque couleur ; nous faisons donc appel à de simples étages à transistors PNP pour supporter l'intensité. La **figure 2.45** donne le schéma de principe de notre platine. Le typon du circuit imprimé est dessiné à la **figure 2.46** et la **figure 2.47** montre l'implantation des composants.

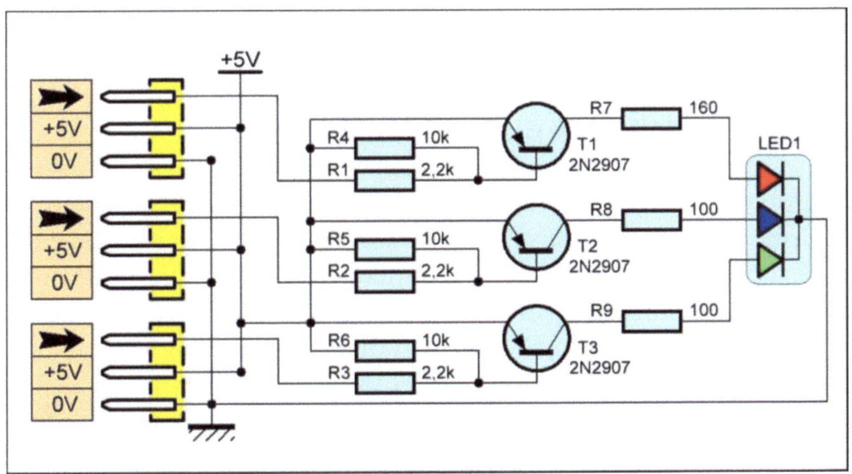

Figure 2.45 Schéma de la platine « Led RVB »

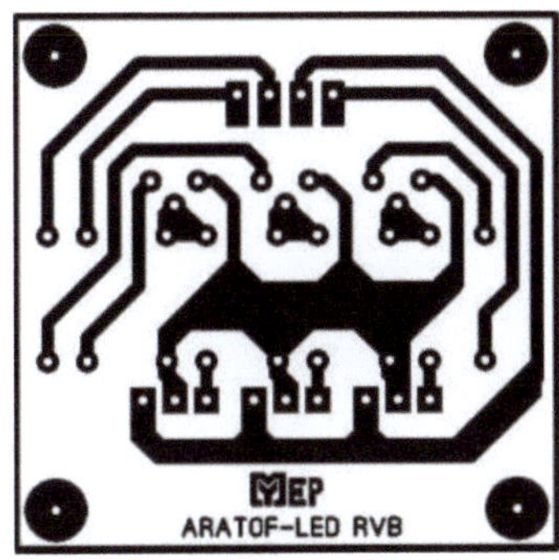

Figure 2.46 Typon

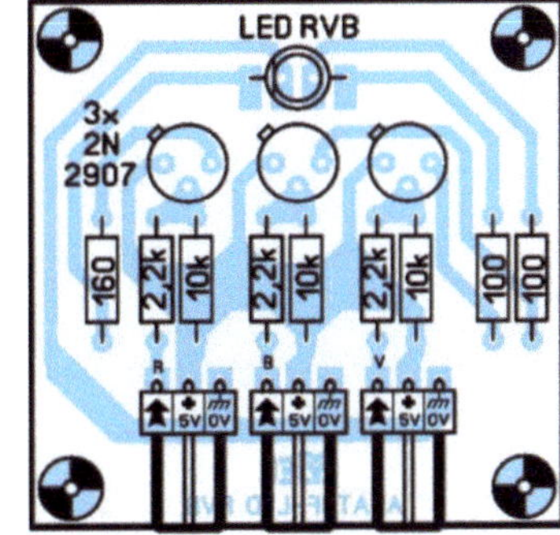

Figure 2.47 Implantation

<u>***LES COMPOSANTS***</u>
<u>Résistances 5% 1/2 Watt :</u>
      R1 à R3 : 2,2 kΩ (rouge, rouge, rouge)
      R4 à R6 : 10 kΩ (marron, noir, orange)

R7 : 160 Ω (marron, bleu, marron)

R8 ; R9 : 100 Ω (marron, noir, marron)

<u>**Semi-conducteurs :**</u>

Led1 : Led RVB 5mm à cathodes communes (la plus courante)

T1 à T3 : Transistors PNP de type 2N2907

<u>**Divers :**</u>

3 Connecteurs coudés à 3 broches mâles au pas de 2,54 mm pour circuit imprimé (Gotronic)

2.5.3 - CARTE AVEC UN BUZZER PIEZO

Le buzzer piezo se compose principalement d'une lamelle de substance piezo électrique. Elle se déforme par l'effet d'une tension alternative sur ses bornes. Cette particularité produit une sonorité dont la fréquence varie en fonction de la fréquence de la tension appliquée. Notez que le phénomène est réversible : un choc sur l'élément piezo électrique produit une très faible tension. Le schéma de principe de notre platine rudimentaire est représenté à la **figure 2.48**. Le buzzer se raccorde directement entre le signal et la masse. Le typon du circuit imprimé est dessiné à la **figure 2.49** et la **figure 2.50** montre l'implantation des composants.

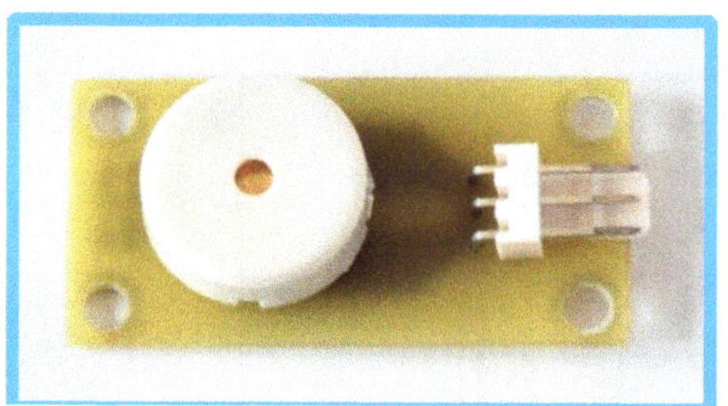

La carte supportant un buzzer piezo sans oscillateur

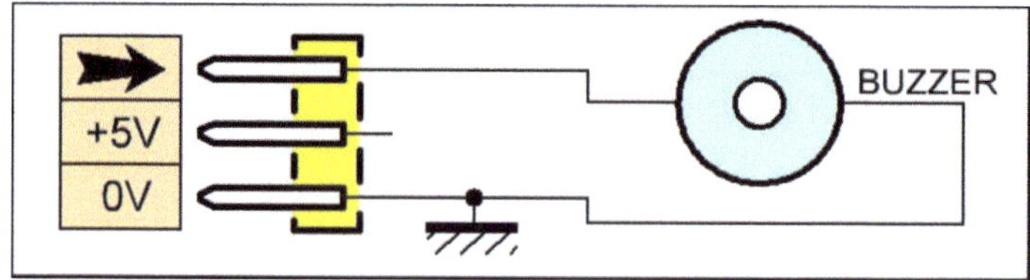

Figure 2.48   Schéma de la platine « buzzer piezo »

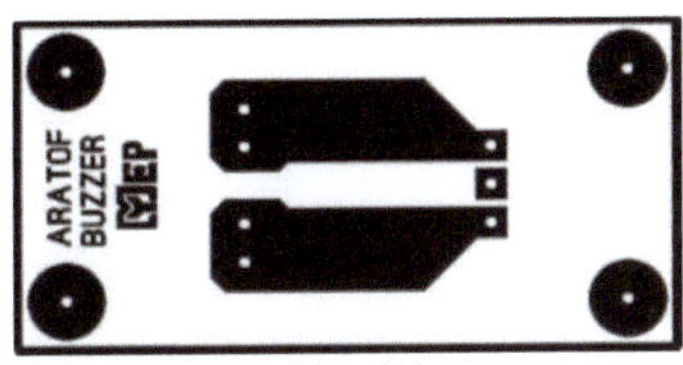

Figure 2.49 Typon

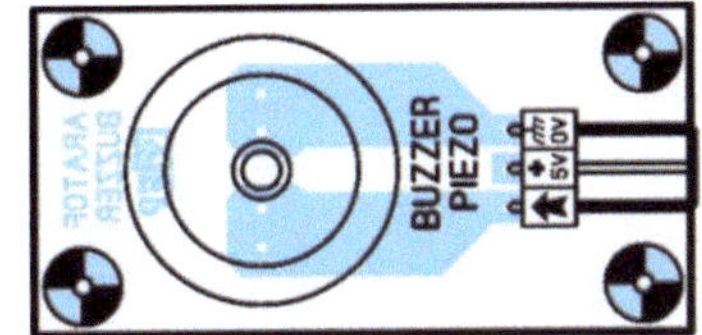

Figure 2.50 Implantation

LES COMPOSANTS
Divers :

    1 Buzzer piezo sans oscillateur de diamètre 17mm

    1 Connecteur coudé à 3 broches mâles au pas de 2,54 mm pour circuit imprimé (Gotronic)

2.5.4 - CARTE AVEC UN RELAIS ET SES CONTACTS

Le grand intérêt d'un microcontrôleur réside dans le fait de pouvoir commander des charges externes quelconques. Il arrive de ne pas connaître à l'avance la nature de celles-ci, dans ce cas, la meilleure solution consiste à employer les contacts « secs » d'un relais. Les sorties d'un module Arduino-UNO ne pouvant pas commander directement la bobine du relais, nous devons faire appel à un étage à transistor. La **figure 2.51** montre le schéma de principe.

La carte supportant L'interface de sortie à relais

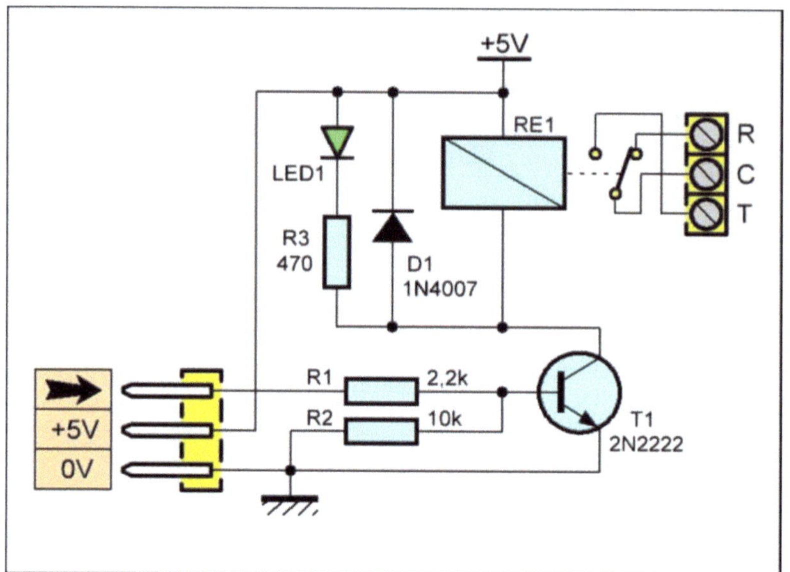

Figure 2.51   Schéma de la platine « relais »

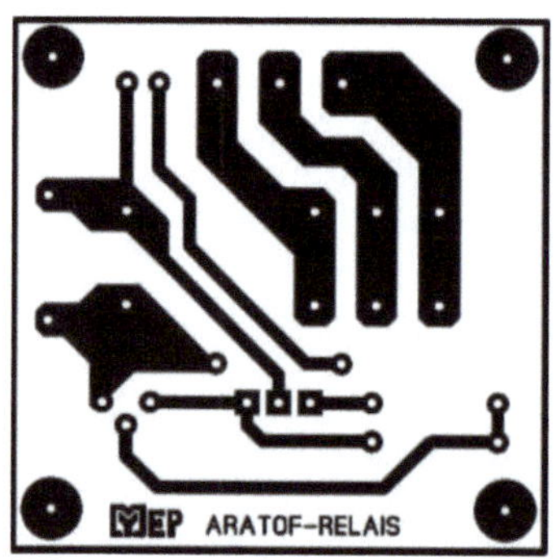

Figure 2.52   Typon

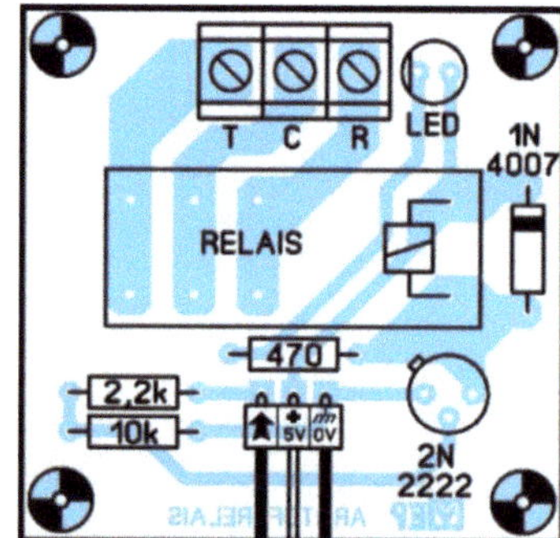

Figure 2.53   Implantation

La sortie numérique attaque la base du transistor T1 via la résistance R1. Au repos, ce dernier est bloqué par la résistance R2 reliée à la masse. Le collecteur de T1 commande le relais dont les contacts « secs » sont disponibles sur un bornier à 3 vis. La diode D1 évite les courants de retour et la led1, limitée en courant par la résistance R3, visualise l'activation du relais. Le typon du circuit imprimé est dessiné à la **figure 2.52** et la **figure 2.53** donne l'implantation des composants.

LES COMPOSANTS

<u>**Résistances 5% 1/2 Watt :**</u>

R1 : 2,2 kΩ (rouge, rouge, rouge)

R2 : 10 kΩ (marron, noir, orange)

R3 : 470 Ω (jaune, violet, marron)

<u>**Semi-conducteurs :**</u>

D1 : Diode 1N4007

Led1 : 5mm verte

T1 : Transistor NPN de type 2N2222

<u>**Divers :**</u>

1 Relais Finder type 40-52 avec bobine en 6V

1 Bornier à 3 vis au pas de 5,08mm

1 Connecteur coudé à 3 broches mâles au pas de 2,54 mm pour circuit imprimé (Gotronic)

2.5.5 - CARTE AVEC UNE SORTIE SUR UN TRANSISTOR MOSFET

Au paragraphe précédent, nous avons commuté la puissance d'une sortie de l'Arduino-UNO par l'intermédiaire d'un relais traditionnel. Cette solution reste satisfaisante tant que les délais entre deux commutations sont suffisamment espacés et que le bruit du relais électromécanique ne dérange pas. Imaginons que nous voulions travailler en PWM (largeur d'impulsion modulée), notre relais ne suivrait pas et se mettrait à vibrer.

Pour parvenir à nos fins, nous avons développé un module intégrant un transistor de puissance MOSFET à canal N. Celui-ci peut travailler à des vitesses très rapides et ne dissipe pratiquement aucune énergie compte tenu de sa très faible résistance interne (0,028 ohm). La **figure 2.54** montre le schéma de principe à suivre. La résistance R1 achemine le signal sur la porte (gate) de T1. La résistance R2, raccordée à la masse, assure le blocage du transistor en l'absence de signal. La charge quelconque est commandée par le drain via la diode anti retour D1. Celle-ci permet de drainer un courant maximal de 2A, mais le transistor pourrait en supporter aisément 20 fois plus. La source d'alimentation de puissance peut s'étendre de 12 à 24 volts, et plus encore. La led1, limitée en courant par la résistance R3, visualise le signal de commande.

Le typon du circuit imprimé est dessiné à la **figure 2.55** et la **figure 2.56** donne l'implantation des composants.

La carte supportant L'interface de sortie à transistor de puissance MOSFET

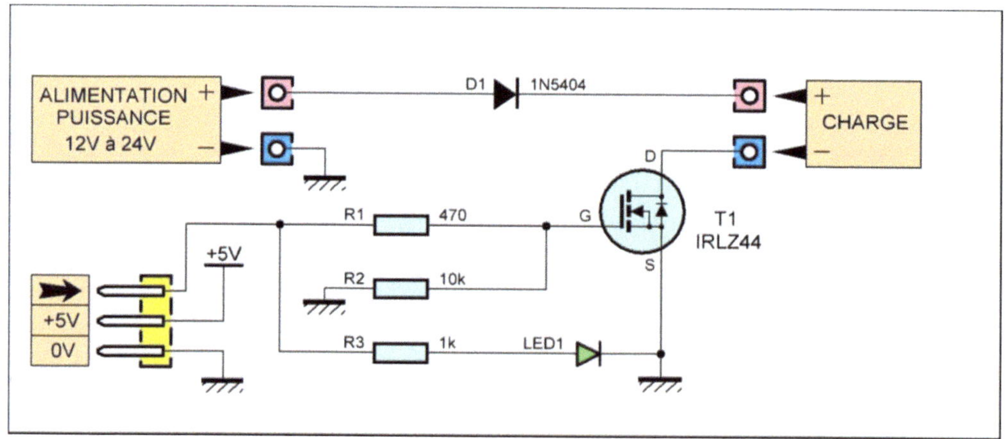

Figure 2.54 Schéma de la platine « MOSFET »

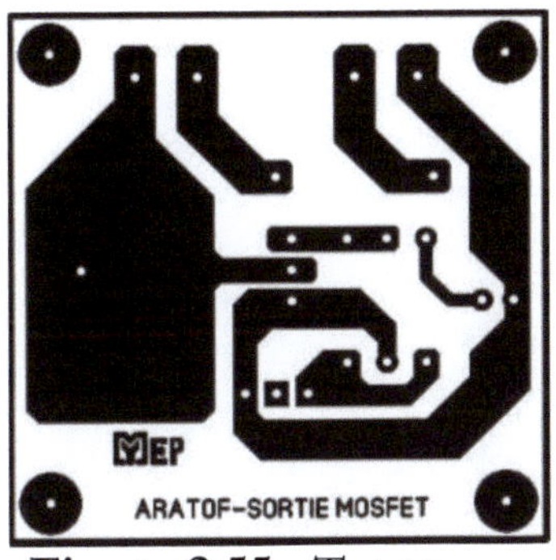

Figure 2.55 Typon

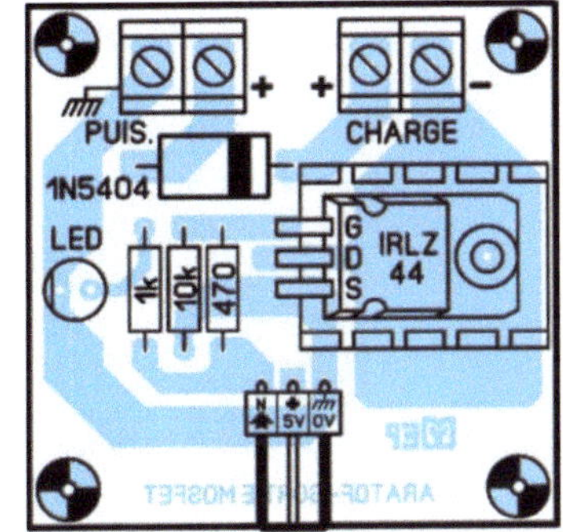

Figure 2.56 Implantation

LES COMPOSANTS

Résistances 5% 1/2 Watt :

> **R1 :** 470 Ω (jaune, violet, marron)
> **R2 :** 10 kΩ (marron, noir, orange)
> **R3 :** 1 kΩ (marron, noir, rouge)

Semi-conducteurs :

> **D1 :** Diode 1N5404
> **Led1 :** 5mm verte
> **T1 :** Transistor MOSFET canal N : IRLZ44

Divers :

> 2 Borniers à 2 vis au pas de 5,08mm
> 1 Dissipateur thermique de type ML26
> 1 Connecteur coudé à 3 broches mâles au pas de 2,54 mm pour circuit imprimé (Gotronic)

2.5.6 - CARTE DE GESTION DE 2 MOTEURS À COURANT CONTINU

Cette platine permet de commander, dans les deux sens de rotation, deux petits moteurs à courant continu d'une intensité inférieure à 500mA, à partir de 4 sorties numériques de l'Arduino-UNO. Nous avions deux options pour ce montage en n'utilisant que 4 sorties :

- soit obtenir une variation de la vitesse des moteurs au prix d'un schéma plus complexe traitant l'inversion du sens de rotation avec des portes logiques,

- soit se contenter d'un fonctionnement en "tout ou rien" pour une réalisation plus simple.

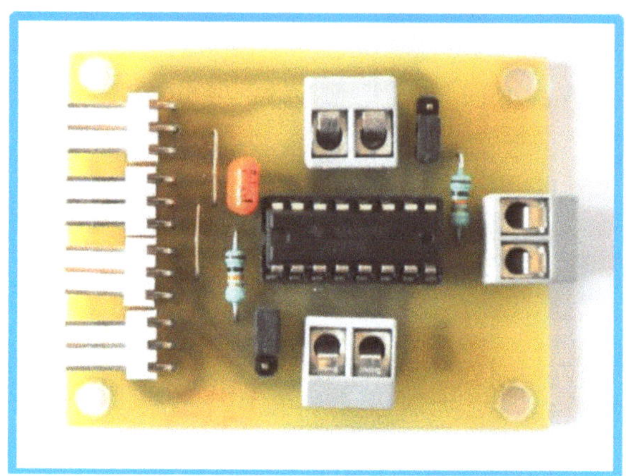

La carte supportant L'interface pour deux moteurs à courant continu

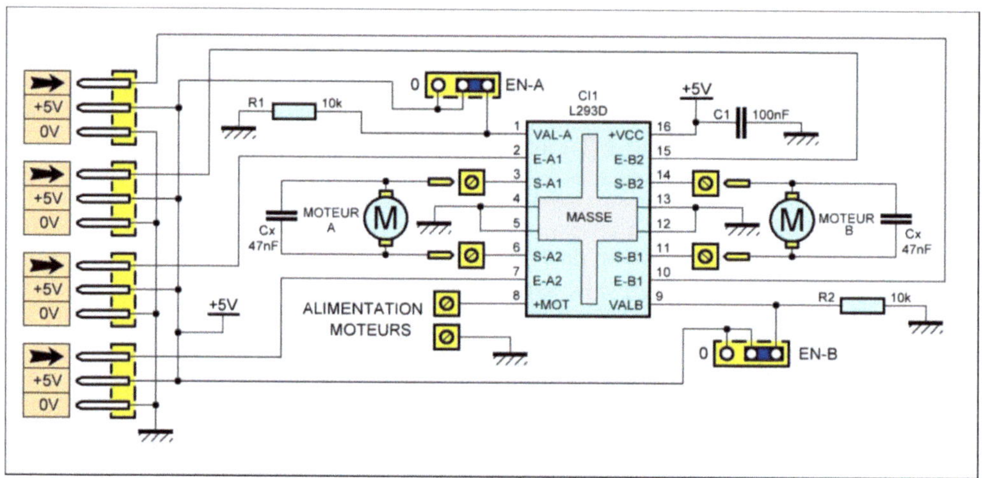

Figure 2.57   Schéma de la platine « Moteurs à courant continu »

Notre but étant d'abord pédagogique, nous avons opté pour la seconde solution, l'intérêt étant de montrer comment gérer deux moteurs avec un module Arduino-UNO. Nos lecteurs les plus compétents pourront concevoir leur propre platine obéissant à la première possibilité. Voyons maintenant le schéma de notre montage sur la **figure 2.57**. Le circuit CI1, un L293D, peut commander deux moteurs à courant continu. Attention ! Le suffixe « D » signifie que le circuit intègre les diodes de protection, optez donc bien pour ce modèle.

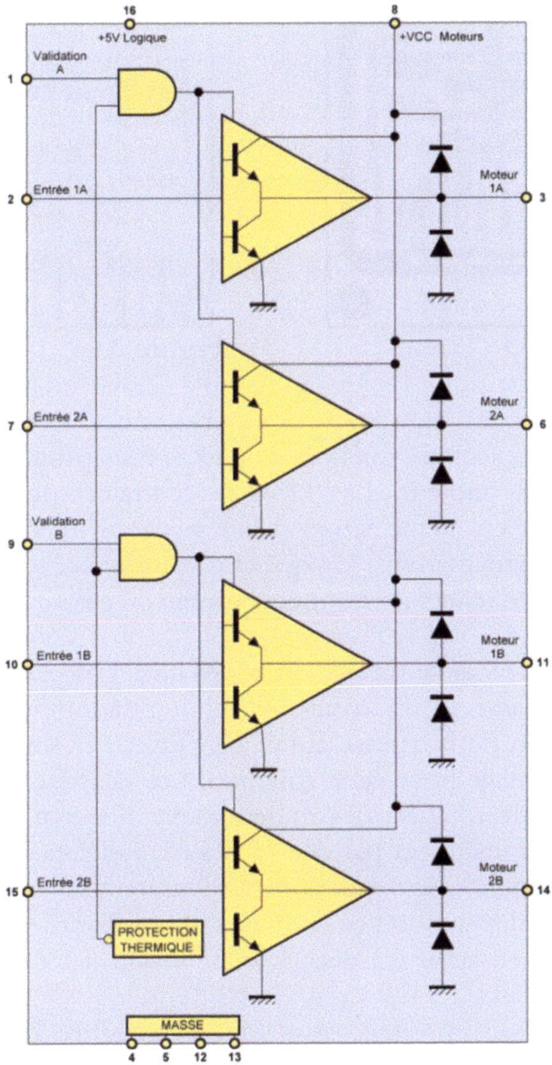

Figure 2.58 Schéma synoptique interne du circuit L293D

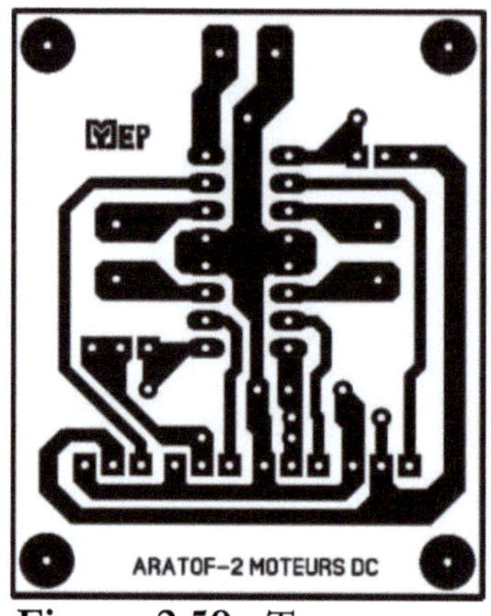

Figure 2.59 Typon

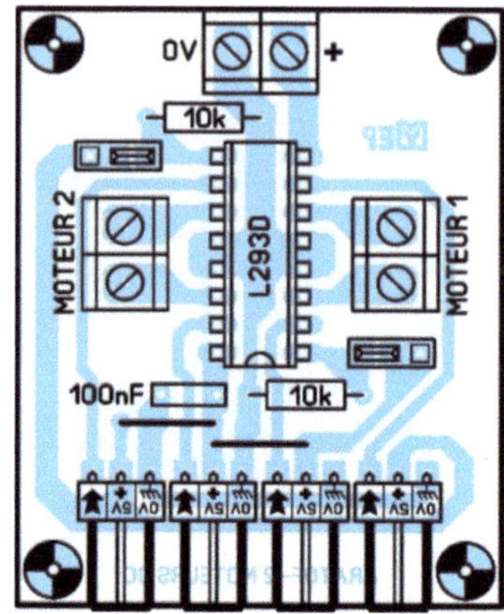

Figure 2.60 Implantation

Pour chacun des moteurs il comporte une entrée de validation, deux entrées de gestion du sens de rotation et deux sorties protégées par diodes pour les deux broches du moteur. Les broches centrales sont reliées à la masse commune et servent en même temps à la dissipation thermique avec le circuit imprimé. Les deux alimentations, logique et de puissance, sont indépendantes. La **figure 2 .58** montre le schéma synoptique interne du circuit L293D.

Les entrées de validation sont inhibées au repos par les résistances R1 et R2 les portant à la masse. Deux cavaliers de configuration permettent d'activer les moteurs. La variation de la vitesse aurait dû s'effectuer sur ces entrées, si nous avions conçu le montage pour cette fonction. Les quatre entrées (2 par moteur) de gestion du sens de rotation des moteurs sont directement reportées sur les connecteurs et se commandent par des sorties numériques de l'Arduino-UNO. Il est vivement recommandé de souder un condensateur céramique Cx de 47nF en parallèle sur chaque alimentation des moteurs afin d'absorber les parasites générés par ceux-ci. Le condensateur C1 découple la tension des étages logiques de CI1 au plus près de celui-ci.

Le typon du circuit imprimé est dessiné à la **figure 2.58** et la **figure 2.59** donne l'implantation des composants.

LES COMPOSANTS
Résistances 5% 1/2 Watt :

R1 ; R2 : 10 kΩ (marron, noir, orange)

<u>**Semi-conducteur :**</u>

    CI1 : L293D

<u>**Divers :**</u>

    3 Borniers à 2 vis au pas de 5,08mm

    1 Support de circuit intégré à 16 broches

    6 Broches de barrette sécable mâle de type SIL

    2 Cavaliers de configuration

    4 Connecteurs coudés à 3 broches mâles au pas de 2,54 mm pour circuit imprimé (Gotronic)

2.5.7 – LES SERVOMOTEURS DE MODÉLISME

Ces actionneurs ne nécessitent pas de platine électronique car ils intègrent leur propre circuit électronique de gestion. Ils se raccordent tout simplement sur les connecteurs de la carte principale. Il s'agit de petits moteurs munis d'engrenages de démultiplication de vitesse et d'un circuit d'asservissement permettant de connaître la position exacte de l'arbre de sortie sur lequel prend place le palonnier. Comme le montre la **figure 2.61**, un servomoteur ne se contente pas d'une alimentation, un signal modulé en largeur d'impulsion gère son fonctionnement. Le connecteur à trois broches ne requiert pas de détrompeur car l'emplacement normalisé de ses fils évite toute destruction en cas d'inversion.

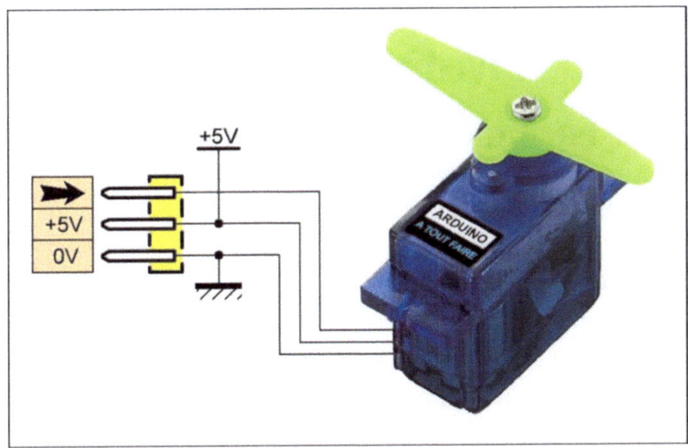

Figure 2.61 Vue et brochage d'un servomoteur

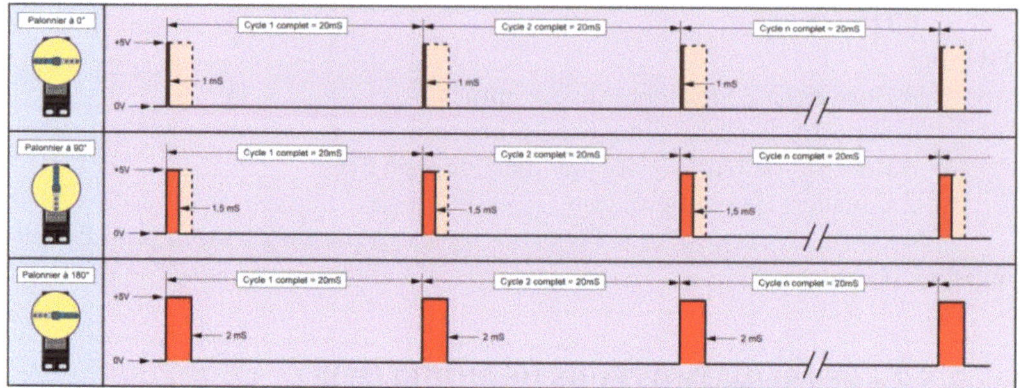

Figure 2.62 Diagrammes de fonctionnement d'un servomoteur

Le signal de commande répond à certaines exigences, décrites sur la **figure 2.62**. Il présente une impulsion toutes les 20 millisecondes. En fonction de la largeur de celle-ci, le palonnier du servomoteur se positionne différemment :

- 1mS place le palonnier en butée dans un sens,
- 1,5mS place le palonnier en position centrale,
- 2mS place le palonnier en butée dans l'autre sens.

Il va sans dire que toutes les valeurs intermédiaires agissent proportionnellement, sur les déplacements du palonnier.

2.6 - LES CARTES DIVERSES

2.6.1 - CARTE PRIMAIRE I²C : E/S NUMÉRIQUES à PCF8574

Nous abordons le protocole de communication I^2C développé par la firme Philips® permettant de gérer une multitude de composants avec uniquement deux lignes : une pour l'horloge (SCL) et une pour les données bidirectionnelles (SDA). Comment est-ce possible ? Sans entrer dans une étude complète et complexe de ce protocole (un livre n'y suffirait pas), nous allons voir le principe de base. Il est basé sur le principe « maître / esclave ».

La carte supportant L'interface primaire I²C à huit E/S numériques

Chaque circuit « esclave » possède une adresse de base propre et définie par le constructeur. Sachant cela, vous l'avez sûrement compris, il suffit au « maître » (l'Arduino-UNO, ici) d'interroger ou d'ordonner un circuit « esclave » en l'appelant par son adresse pour envoyer ou recevoir une donnée à traiter. Le signal de sortie « SCL » est produit par la ligne « ANA5 » et le signal bidirectionnel « SDA » par la ligne « ANA4 ». Le module Arduino-UNO, bien que très bien conçu, peut souffrir aux yeux de certains utilisateurs, d'un manque de lignes d'entrées / sorties numériques. Le port de communication I²C, par le biais du circuit intégré spécifique PCF8574, offre une manière très élégante pour palier ce manque.

La **figure 2.63** donne le schéma de principe à suivre. Le port I²C se compose de deux signaux de commande : SCL (horloge) et SDA (données), ainsi que les alimentations (0V et +5V). Pour fonctionner, les lignes SCL et SDA doivent impérativement être munies de résistances de tirage au potentiel positif. Si elles n'existent pas dans un quelconque périphérique, R1 et R2 remplissent ce rôle et se raccordent au +5V par les deux cavaliers de configuration.

L'adresse I^{2}C du circuit intégré PCF8574 est 20 au format hexadécimal ou 32 en décimal. Il est donc possible de raccorder 8 circuits identiques aux adresses 32 à 39 par configuration des broches A0 à A2.

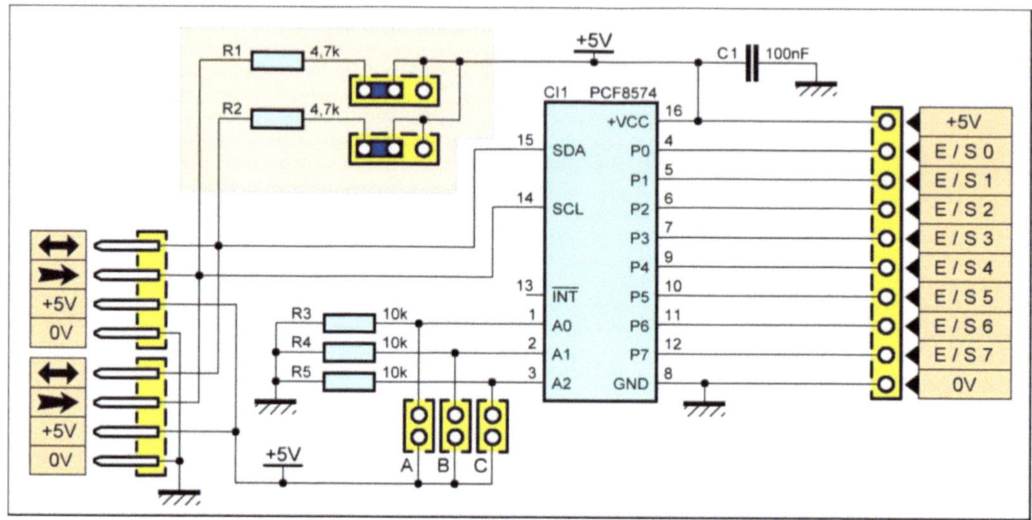

Figure 2.63   Schéma de la platine « I^{2}C à circuit 8574 »

Chacune de ces lignes représente une valeur respective de 1, 2 et 4 à additionner à l'adresse de base (32), lorsqu'elles sont reliées au +5V via les cavaliers « A », « B » et « C » et les résistances R3 à R5. Par exemple, pour obtenir l'adresse 35, il faut insérer les cavaliers « A » et « B » : soit 32 + 1 + 2 = 35.

Un connecteur femelle à 10 points donne accès aux 8 lignes P0 à P7 du circuit ainsi qu'aux deux lignes d'alimentation. Vous noterez que chacune des lignes est bidirectionnelle, elle peut s'employer indifféremment en entrée ou en sortie. Il existe également le circuit PCF8574A dont l'adresse de base est 56 au format décimal. Rien d'autre ne le différencie du PCF8574. En raccordant 8 circuits PCF8574 et 8 autres PCF8574A, vous pouvez gérer jusqu'à 128 entrées / sorties sur le port I^{2}C à 2 lignes. Impressionnant, non ?

Dans la pratique, nous avons conçu une platine primaire pour le PCF8574 et des modules secondaires venant s'y raccorder les unes derrières les autres via les connecteurs à 4 broches. Aucune autre différence entre ces deux platines, hormis la partie encadrée, inexistante sur la seconde. Effectivement, les résistances de tirage à l'alimentation positive R1 et R2 ne doivent être câblées qu'une seule fois. Le condensateur C1 découple l'alimentation au plus près de CI1. Avec ce premier module, nous avons abordé le protocole I^{2}C, vous noterez à l'avenir que le schéma de principe d'utilisation des composants I^{2}C est toujours relativement simple et similaire.

Le typon du circuit imprimé est dessiné à la **figure 2.64** et la **figure 2.65** donne l'implantation des composants.

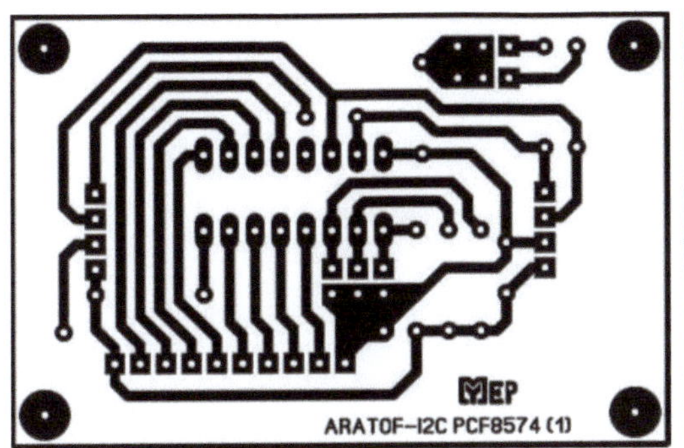

Figure 2.64 Typon	**Figure 2.65** Implantation

LES COMPOSANTS

Résistances 5% 1/2 Watt :

    R1 ; R2 : 4,7 kΩ (jaune, violet, rouge)

    R3 à R5 : 10 kΩ (marron, noir, orange)

Condensateur :

    C1 : 100 nF (LCC pas 5,08 mm)

Semi-conducteur :

    CI1 : PCF8574 ou PCF8574A (voir texte)

Divers :

    1 Support de circuit intégré à 16 broches

    12 Broches de barrette sécable mâle de type SIL

    10 Broches de barrette sécable femelle coudée de type SIL

    2 à 5 Cavaliers de configuration (voir texte)

    1 Connecteur coudé à 4 broches mâles au pas de 2,54 mm pour circuit imprimé (Gotronic)

    1 Connecteur droit à 4 broches mâles au pas de 2,54 mm pour circuit imprimé (Gotronic)

2.6.2 - CARTE SECONDAIRE I²C : E/S NUMÉRIQUES à PCF8574

La carte supportant L'interface secondaire I²C à huit E/S numériques

Comme précisé ci-dessus, nous avons prévu de câbler des cartes secondaires I²C avec le circuit PCF8574 ou PCF8574A afin d'étendre au maximum le nombre d'E / S du module Arduino-UNO en les embrochant les unes derrière les autres. Le typon du circuit imprimé de la carte secondaire est dessiné à la **figure 2.66** et l'implantation des composants sur la **figure 2.67**.

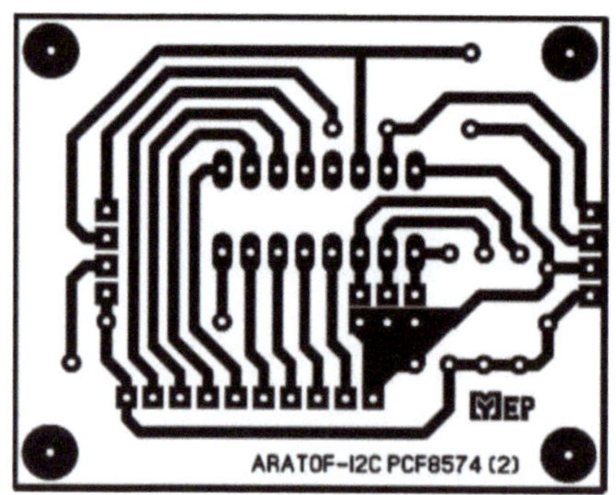

Figure 2.66   Typon

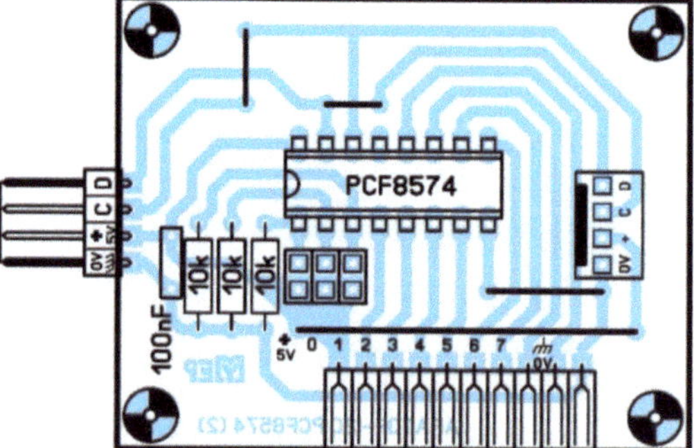

Figure 2.67   Implantation

2.6.3 - CARTE I²C : HORLOGE EN TEMPS RÉEL

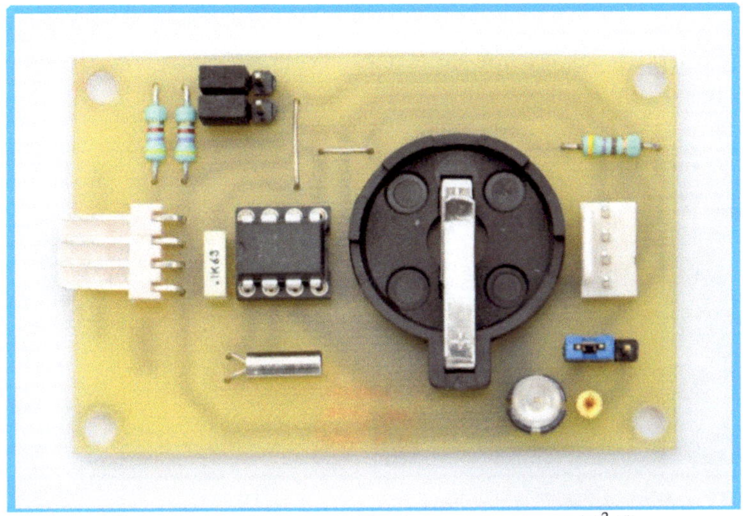

La carte supportant L'horloge en temps réel I²C

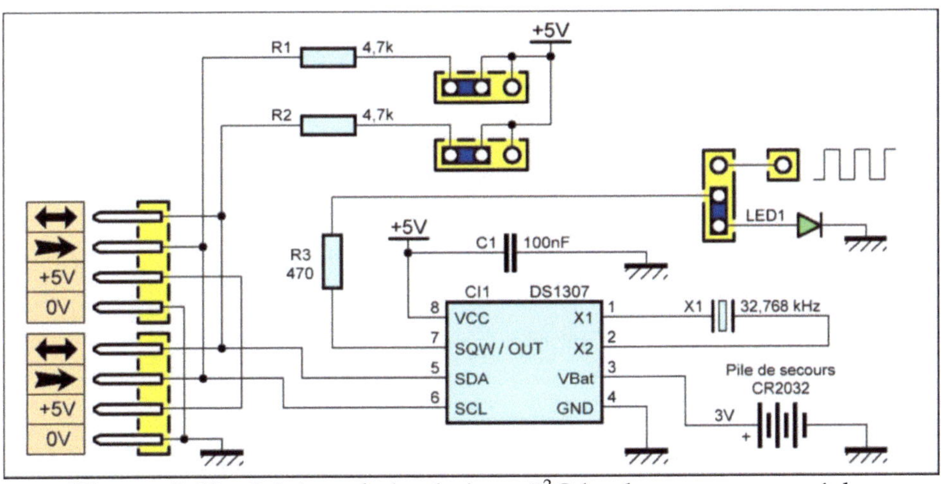

Figure 2.68 Schéma de la platine « I²C horloge en temps réel »

Nous retrouvons les signaux SCL et SDA du port de communication I²C, ainsi que les résistances R1 et R2 portant ces lignes au +5V au repos pour commander, cette fois-ci, un circuit intégré spécifique : le DS1307 permettant de disposer d'une horloge en temps réel gérée par le bus I^{2}C. La **figure 2.68** donne le schéma de principe de cette platine. Le quartz X1 d'une valeur de 32,768kHz donne la cadence de référence au circuit. Tout se passe par programmation, comme souvent pour les composants I^{2}C. Vous ne trouverez donc aucun organe de paramétrage ou de réglage.

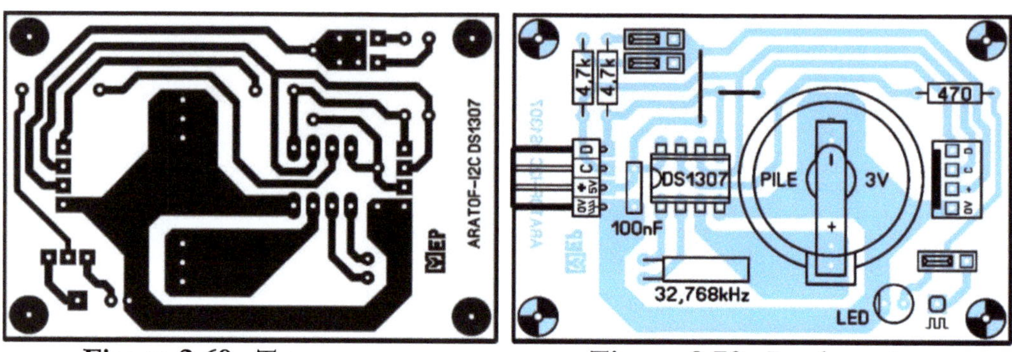

Figure 2.69 Typon   **Figure 2.70** Implantation

La pile de secours de 3V sert à garder toutes les informations horaires en mémoire en cas de défaillance de l'alimentation. La broche « SQW » permet de disposer d'un signal carré de référence à une certaine fréquence. Bien que nous ne mettions pas à profit cette fonction, elle se trouve câblée sur notre module. La résistance R3 limite le courant de cette sortie en vue de l'utilisation libre ou d'une visualisation par la led1. Le condensateur C1 découple l'alimentation du circuit DS1307.

Le typon du circuit imprimé est dessiné à la **figure 2.69** et la **figure 2.70** montre l'implantation des composants.

LES COMPOSANTS
Résistances 5% 1/2 Watt :
> **R1 ; R2 :** 4,7 kΩ (jaune, violet, rouge)
> **R3 :** 470 Ω (jaune, violet, marron) (optionnelle, voir texte)

Condensateur :
> **C1 :** 100 nF (LCC pas 5,08 mm)

Semi-conducteur :
> **CI1 :** DS1307
> **Led1 :** 5mm verte (optionnelle, voir texte)

<u>**Divers :**</u>

       1 Support de circuit intégré à 8 broches

       6 Broches de barrette sécable mâle de type SIL

       2 Cavaliers de configuration (voir texte)

       X1 : Quartz 32,768 kHz

       1 support de pile bouton CR2032

       1 Pile bouton CR2032

       1 Connecteur coudé à 4 broches mâles au pas de 2,54 mm pour circuit imprimé (Gotronic)

       1 Connecteur droit à 4 broches mâles au pas de 2,54 mm pour circuit imprimé (Gotronic)

2.6.4 - CARTE I²C : MÉMOIRE EEPROM

Bien que très bien conçu, un module Arduino-UNO manque parfois de mémoire pour enregistrer une grande quantité de données. Il suffit de lui adjoindre une mémoire EEprom à accès I^2C pour palier cet écueil. Parmi les plus courantes, notre module peut accueillir une 24LC256 (soit 256 kbits ou 32koctets) ou une 24LC512 (soit 512 kbits ou 64 k.octets).

La carte supportant L'interface mémoire I^2C

La **figure 2.71** donne le schéma de principe de cette carte à mémoire. L'adresse de base d'une mémoire 24LC256 est « 50 » au format hexadécimal ou « 80 » en décimal.

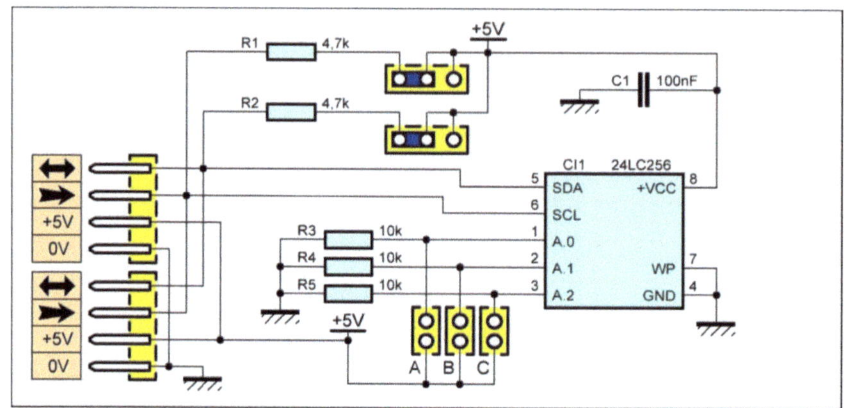

Figure 2.71 Schéma de la platine « carte mémoire I²C »

A l'instar de la platine supportant le PCF8574, vue précédemment, en reliant les lignes A0 à A2 du composant au +5V via les cavalier « A à C », il est possible de complémenter cette adresse (80 à 87) pour raccorder jusqu'à 8 circuits mémoire identiques. Les deux lignes précitées (SCL et SDA) sont portées au potentiel positif via les résistances R1 et R2 sur notre module. Les cavaliers de configuration permettent de ne pas raccorder ces résistances dans le cas ou plusieurs seraient raccordés. Le condensateur C1 découple l'alimentation au plus près du circuit intégré de mémoire.

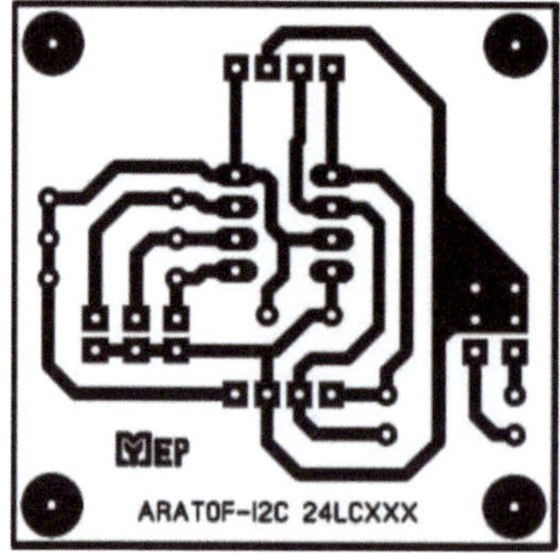

Figure 2.72 Typon

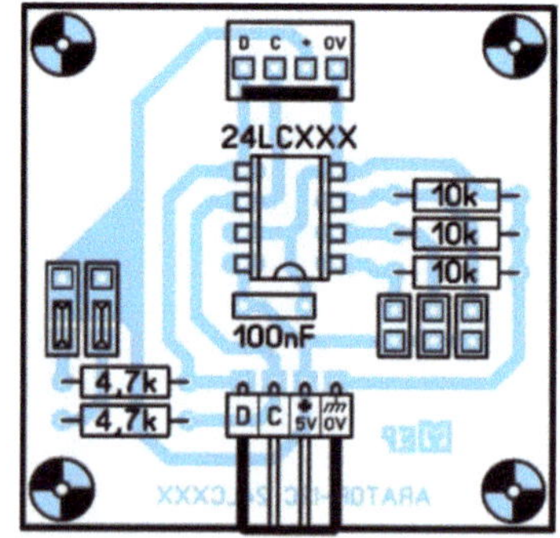

Figure 2.73 Implantation

Le typon du circuit imprimé est dessiné à la **figure 2.72** et la **figure 2.73** donne l'implantation des composants.

LES COMPOSANTS
<u>Résistances 5% 1/2 Watt :</u>
    R1 ; R2 : 4,7 kΩ (jaune, violet, rouge)
    R3 à R5 : 10 kΩ (marron, noir, orange)
<u>Condensateur :</u>
    C1 : 100 nF (LCC pas 5,08 mm)
<u>Semi-conducteur :</u>
    CI1 : 24LC256 (voir texte)
<u>Divers :</u>
    1 Support de circuit intégré à 8 broches
    12 Broches de barrette sécable mâle de type SIL
    2 à 5 Cavaliers de configuration (voir texte)
    1 Connecteur coudé à 4 broches mâles au pas de 2,54 mm pour circuit imprimé (Gotronic)
    1 Connecteur droit à 4 broches mâles au pas de 2,54 mm pour circuit imprimé (Gotronic)

2.6.5 - CARTE RÉPARTITEUR I²C

Pour connecter plusieurs circuits I^{2}C, il suffit de les raccorder en parallèle sur les lignes SCL et SDA. Afin de rendre plus aisée cette possibilité, nous avons développé une platine permettant de distribuer 5 ports I2C en parallèle.

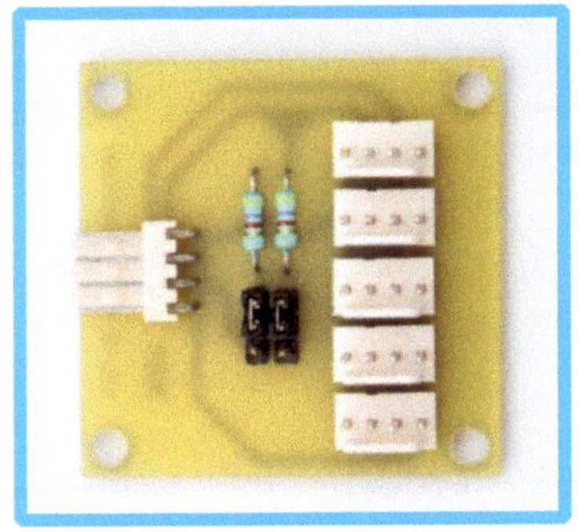

La carte supportant Le répartiteur de connecteurs I²C

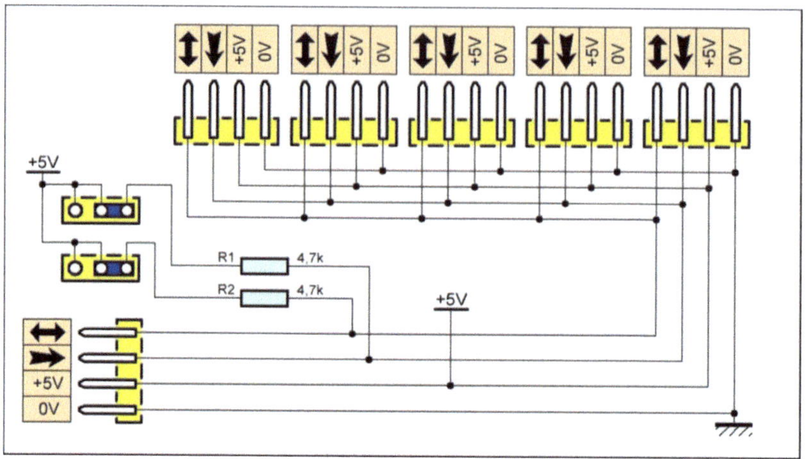

Figure 2.74   Schéma de la platine « répartiteur I^{2}C »

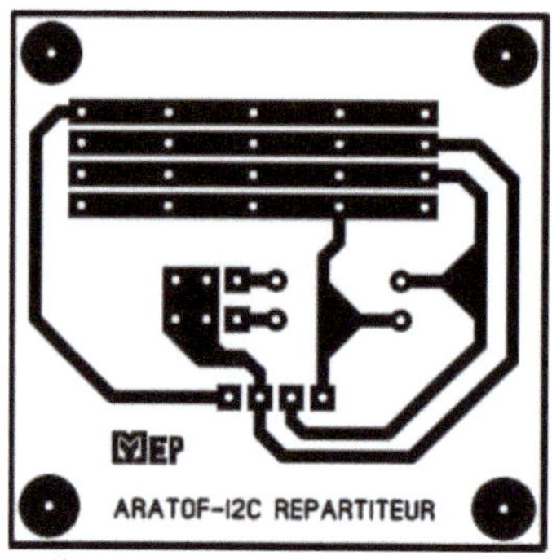

Figure 2.75   Typon

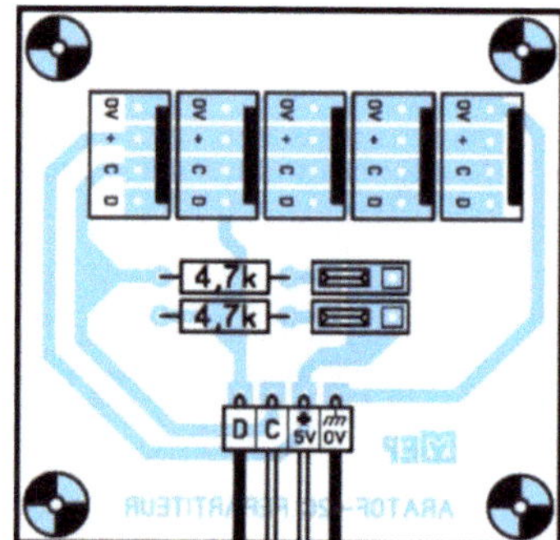

Figure 2.76   Implantation

LES COMPOSANTS
Résistances 5% 1/2 Watt :

    R1 ; R2 : 4,7 kΩ (jaune, violet, rouge)

Divers :

    6 Broches de barrette sécable mâle de type SIL

    2 Cavaliers de configuration (voir texte)

    1 Connecteur coudé à 4 broches mâles au pas de 2,54 mm pour circuit imprimé (Gotronic)

    5 Connecteurs droits à 4 broches mâles au pas de 2,54 mm pour circuit imprimé (Gotronic)

2.6.6 - CARTE DE CONVERSION DAC (DIGITAL / ANALOGIQUE)

Avec cette carte, nous abordons le port de communication « SPI » qui, comme le port I²C, n'est autre qu'une liaison sérielle un peu particulière. La liaison parallèle offre l'avantage de la rapidité, mais présente l'inconvénient de requérir bon nombre de lignes d'E/S. Avec l'évolution des composants, la vitesse n'est plus un problème. Une liaison sérielle envoie, ou reçoit, les informations sur un fil, les unes à la suite des autres (bit après bit). Par habitude, le terme sériel désigne souvent le protocole RS232 qui a longtemps été le plus employé. Nous venons de voir le port « I²C », découvrons le port « SPI ».

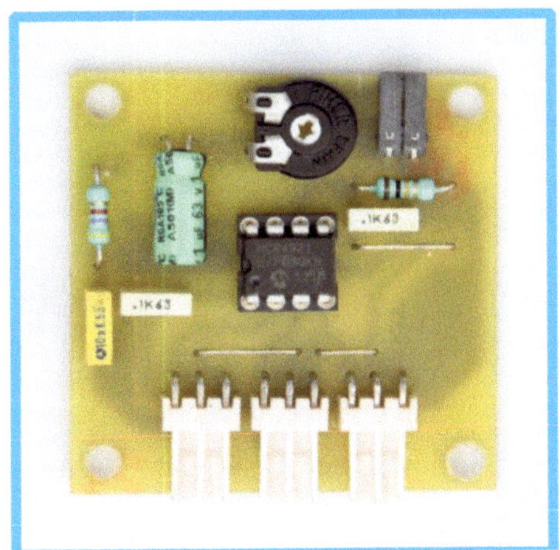

La carte de conversion Digital / Analogique à circuit MCP4921

Tout d'abord, sachez qu'il nécessite une synchronisation : il s'agit du signal piloté par l'émetteur et qui signale au récepteur à quel moment la donnée présentée est valide. On l'appelle « horloge » ou « clock » en anglais.
Voici les huit fils de la liaison SPI.

- **MOSI** (Master Out Slave In). Signal de donnée allant du maître vers l'esclave.
- **MISO** (Master In Slave Out). Signal de donnée allant de l'esclave vers le maître.
- **SCK**. Signal d'horloge et de synchronisation
- **RST**. Signal de remise à zéro en direction de l'esclave.
- **CS** (Chip Select). Sélection du composant esclave à valider. Quand le maître gère plusieurs esclaves, la plupart des signaux (MOSI, MISO, SCLK et RST)

sont communs à tous. Seule la ligne CS est distincte et permet de sélectionner le composant esclave.

- **IRQ** (Interrupt ReQuest). Permet éventuellement de provoquer une interruption (inutilisée dans le cadre de cet ouvrage).

- **+VCC**. Alimentation positive, ne sert que si l'esclave est alimenté par le maître, mais celui-ci peut disposer de sa propre alimentation.

- **GND**. Masse 0V, sert de référence commune.

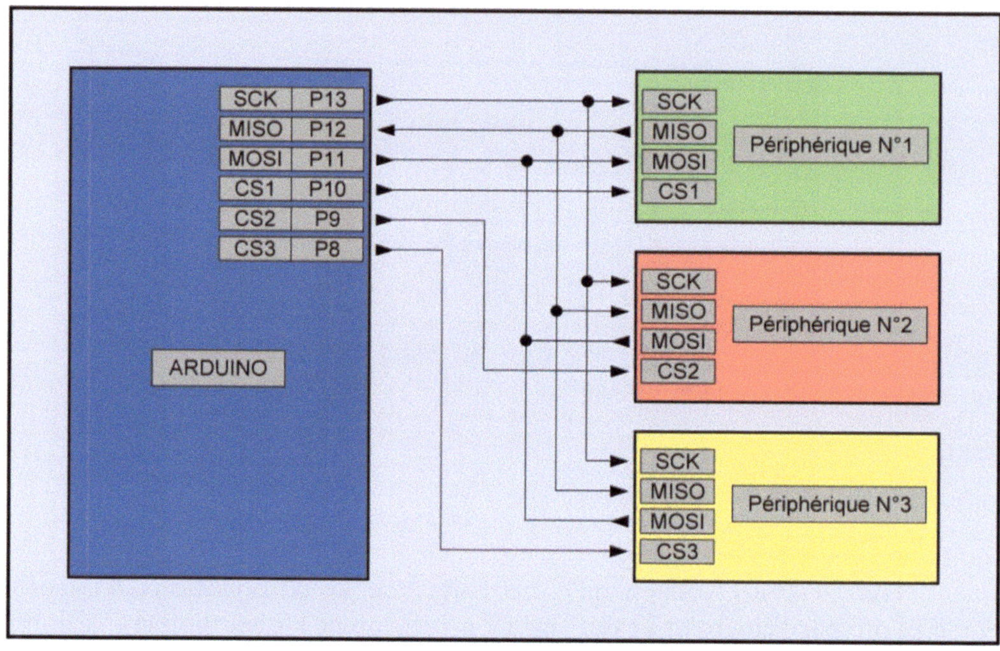

Figure 2.77 Utilisation et branchements d'un port SPI

Sur un module Arduino-UNO, Les lignes du port SPI sont imposées et déterminées par le constructeur. Seule, la ligne CS reste à la décision de l'utilisateur. Il en faut autant que de composants à gérer. La **figure 2.77** illustre l'utilisation d'un port SPI. Par souci de clarté, nous n'avons pas représenté les lignes d'alimentation, ni celles inutiles.

Pour la première platine gérée par le port SPI, nous avons choisi un circuit, très élaboré malgré sa taille réduite. Il intègre un « DAC » (Convertisseur Digital vers Analogique) à 12 bits : le MCP4921. Ce circuit sert à produire une tension continue variant entre 0V et la tension de référence sur sa broche de sortie. L'application la plus élaborée de ce circuit est bien sûr la génération d'une forme d'onde quelconque à une fréquence voulue. Pour parvenir à ce résultat, nous utilisons le « Timer » interne du microcontrôleur (sorte d'horloge chargée d'interrompre régulièrement le déroulement du programme) afin de travailler avec précision sur le spectre audio. Nous produisons une forme sinusoïdale, mais toute forme est envisageable. La **figure 2.78** montre le schéma de principe retenu.

Trois sorties numériques servent à commander ce circuit : la validation « CS » au niveau 0, l'horloge de synchronisation « SCK » et la ligne des données « SDI ». Pour cela, nous utilisons les lignes de l'Arduino-UNO dédiées au port SPI, soit respectivement D9, D13 et D11.

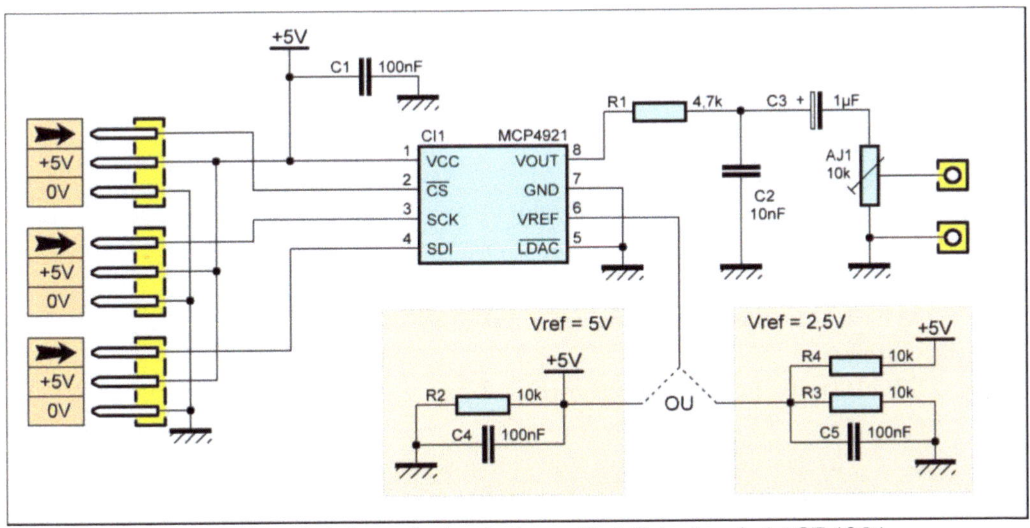

Figure 2.78 Schéma de la platine « DAC à circuit MCP4921 »

La tension de référence de +2,5V est produite à l'aide d'un pont diviseur composé des résistances R3, R4 et le condensateur de découplage C5. Si, comme sur notre prototype vous optez pour une tension de référence de +5V, il suffit de remplacer R4 par un pont de liaison. Le condensateur C4 découple la tension d'alimentation. Le signal de sortie du circuit passe par un filtre chargé de « casser » les paliers et composé de la résistance R1 et des condensateurs C2 et

C3. La résistance ajustable AJ1 règle l'amplitude de sortie du signal. Le condensateur C1 découple l'alimentation au plus près du circuit intégré.

Le typon du circuit imprimé est dessiné à la **figure 2.79** et la **figure 2.80** donne l'implantation des composants.

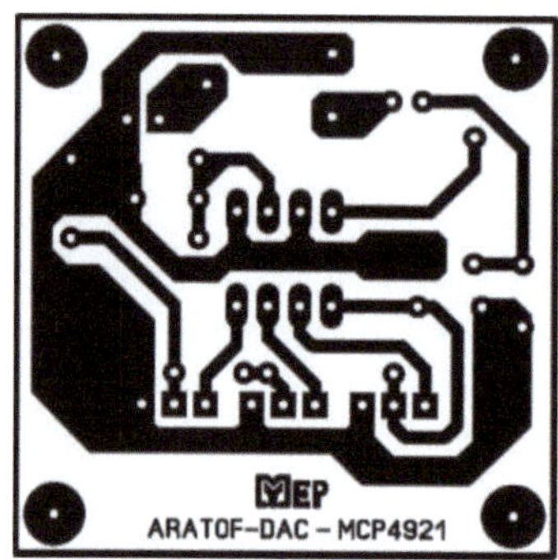

Figure 2.79 Typon

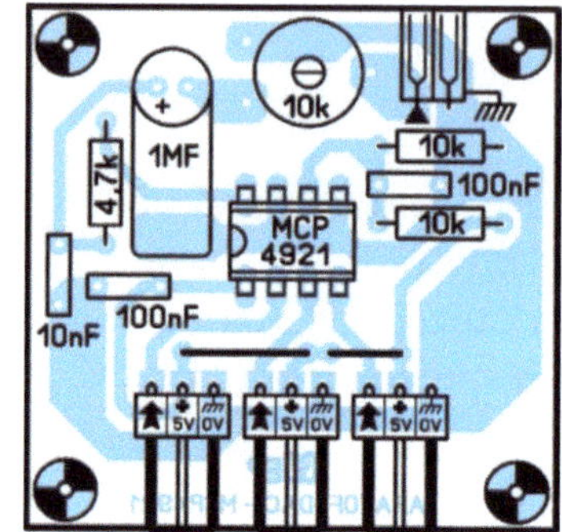

Figure 2.80 Implantation

LES COMPOSANTS

Résistances 5% 1/2 Watt :

R1 : 4,7 kΩ (jaune, violet, rouge)

R2 à R4 : 10 kΩ (marron, noir, orange)

Résistance ajustable :

AJ1 : 10 kΩ à courbe linéaire horizontale à 1 tour

Condensateurs :

C1 : 100 nF (LCC pas 5,08 mm)

C2 : 10 nF (LCC pas 5,08 mm)

C3 : 1 µF 35 volts (électrochimique à sorties radiales)

Semi-conducteur :

CI1 : MCP4921

Divers :

1 Support de circuit intégré à 8 broches

2 Broches de barrette sécable femelle coudée de type SIL

3 Connecteurs coudés à 3 broches mâles au pas de 2,54 mm pour circuit imprimé (Gotronic)

2.6.7 - CARTE PRIMAIRE DE REGISTRE A DÉCALAGE 74HC595

Nous avons constaté que le port de communication I^2C permettait d'étendre le nombre de lignes d'E/S du module Arduino-UNO. Nous allons voir maintenant, comment obtenir autant de sorties supplémentaires que désirées au moyen du port « SPI » et du circuit intégré 74HC595, renfermant un registre à décalage sur 8 bits.

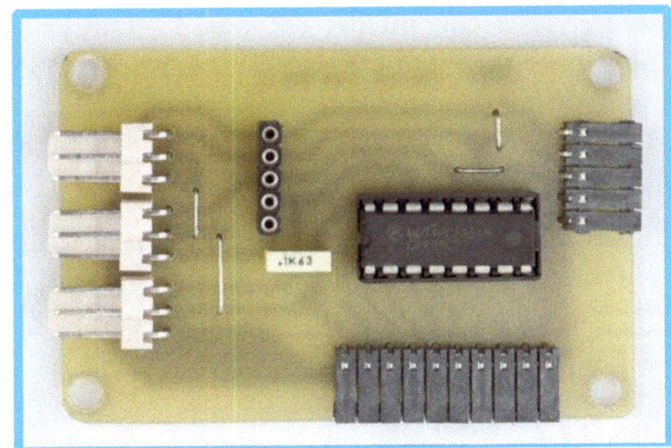

La carte primaire du registre à décalage sur huit bits 74HC595

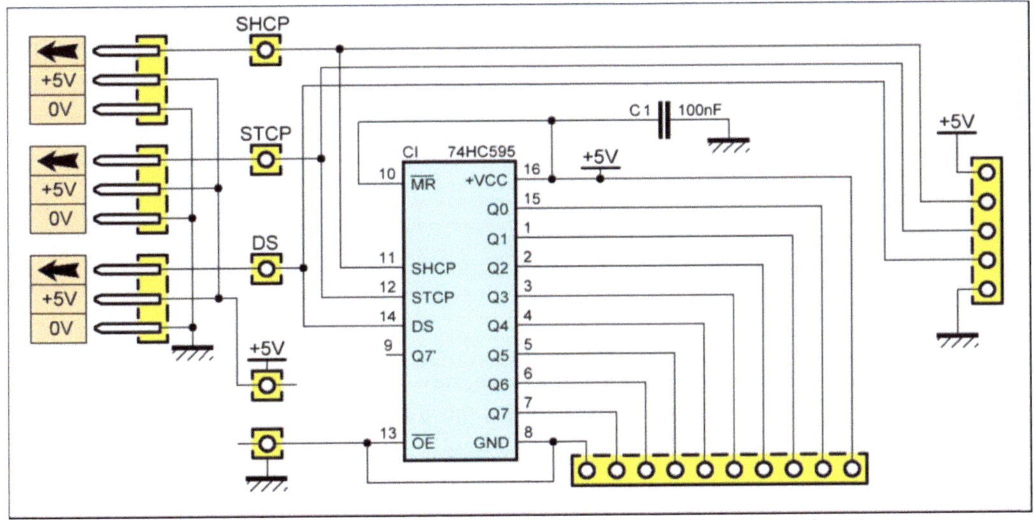

Figure 2.81   Schéma de la platine primaire « registre à décalage »

Ces circuits intégrés peuvent s'enchaîner les uns à la suite des autres, pratiquement sans limite. Chacun offrant 8 sorties supplémentaires à l'Arduino-UNO. Le principe est simple, suivez le schéma de la **figure 2.81** qui ne comporte que deux composants ! Il suffit d'envoyer un octet (8 bits) sur la ligne de donnée (DS), qui modifiera en conséquence l'état logique des huit sorties (Q0 à Q7) en fonction de la vitesse du signal d'horloge (SHCP). Le signal de verrouillage (STCP) valide les changements. Une sortie supplémentaire (Q7') correspond à la retenue et sert à activer le circuit intégré suivant. Le condensateur C1 découple l'alimentation au plus près du circuit 74HC595. Cinq broches femelles rendent disponible les différents signaux.

Le typon du circuit imprimé est dessiné à la **figure 2.82** et la **figure 2.83** donne l'implantation des composants.

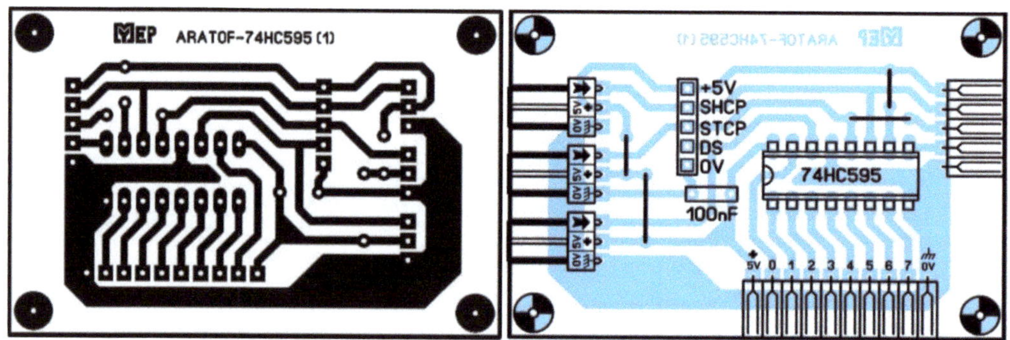

Figure 2.82 Typon	Figure 2.83 Implantation

LES COMPOSANTS

Condensateur :

    C1 : 100 nF (LCC pas 5,08 mm)

Semi-conducteur :

    CI1 : 74HC595

Divers :

    1 Support de circuit intégré à 16 broches

    15 Broches de barrette sécable femelle coudée de type SIL

    3 Connecteurs coudés à 3 broches mâles au pas de 2,54 mm pour circuit imprimé (Gotronic)

2.6.8 - CARTE SECONDAIRE DE REGISTRE A DÉCALAGE 74HC595

Comme précisé ci-dessus, les platines à 74HC595 peuvent s'enchaîner. Par souci d'économie, nous avons donc développé un second schéma dépourvu des connecteurs à 3 broches et des tests des signaux. Rien d'autre ne change sur le schéma de la **figure 2.84**. Vous trouverez le typon de cette nouvelle platine sur la **figure 2.85** et le plan d'implantation sur la **figure 2.86**.

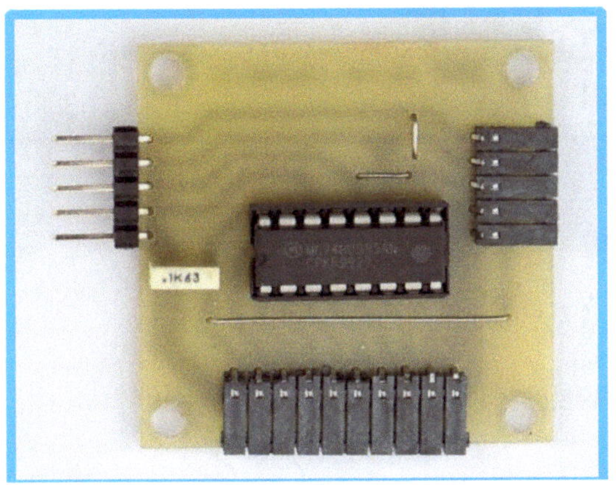

La carte secondaire du registre à décalage sur huit bits 74HC595

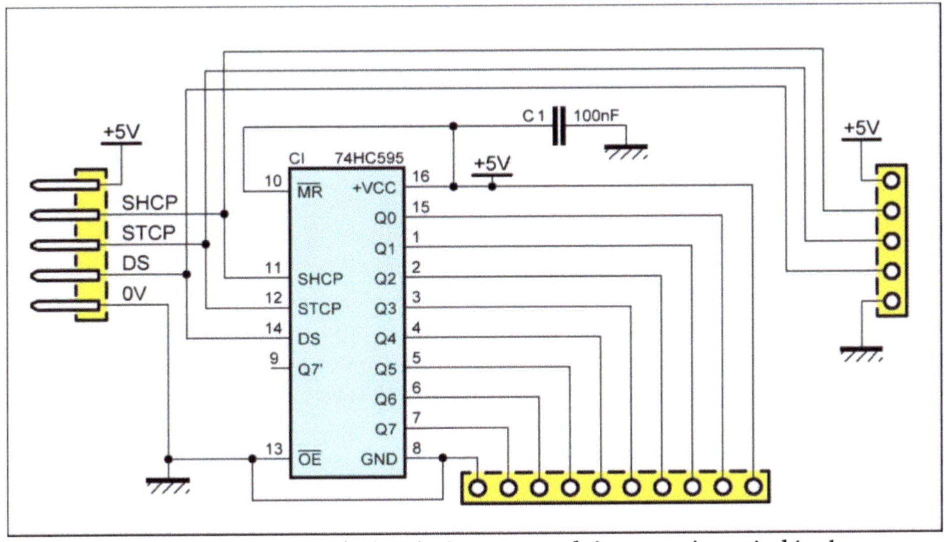

Figure 2.84   Schéma de la platine secondaire « registre à décalage »

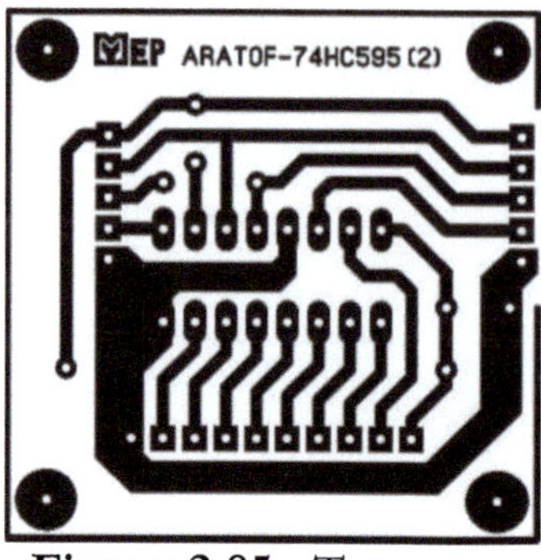

Figure 2.85   Typon

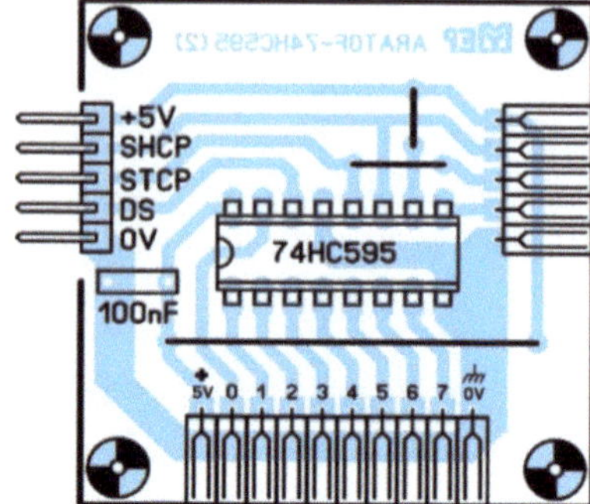

Figure 2.86   Implantation

LES COMPOSANTS

Condensateur :

    C1 : 100 nF (LCC pas 5,08 mm)

Semi-conducteur :

    CI1 : 74HC595

Divers :

    1 Support de circuit intégré à 16 broches

    15 Broches de barrette sécable femelle coudée de type SIL

    5 Broches de barrette sécable mâle coudée de type SIL

2.6.9 - CARTE D'EXTENSION A HUIT TOUCHES

La carte d'extension à huit touches miniatures

Nous savons à présent que le circuit PCF8574 permet de disposer de 8 entrées supplémentaires au moyen du port I^{2}C. De ce fait, nous avons élaboré une platine représentant un clavier à 8 touches destinée à s'interfacer à ce composant. Elle est munie d'un connecteur mâle à 10 broches fin de s'embrocher directement sur la platine à PCF8574. Voyons le schéma rudimentaire de la **figure 2.87**. Au repos, le réseau de 8 résistances RES1 porte les entrées au potentiel positif. En cas d'appui sur une des touches, l'entrée considérée est forcée à la masse à travers le contact. Le typon du circuit imprimé est dessiné à la **figure 2.88** et la **figure 2.89** donne l'implantation des composants.

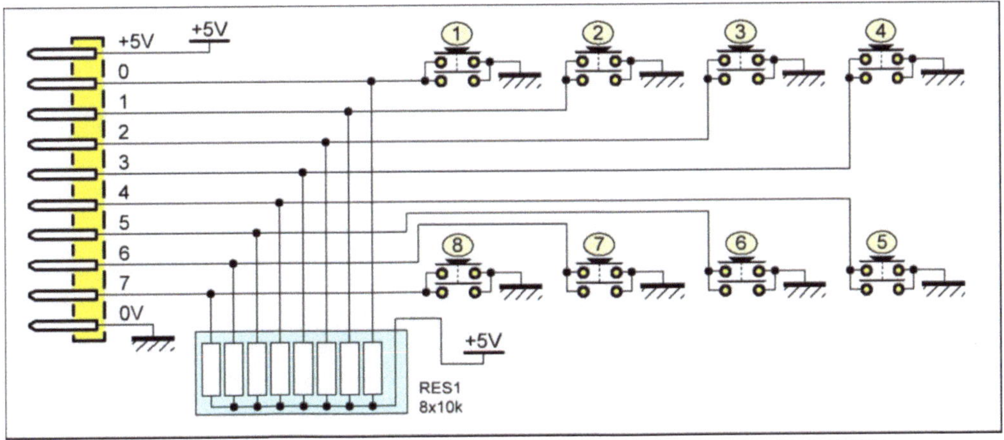

Figure 2.87 Schéma de la platine à 8 touches pour PCF8574

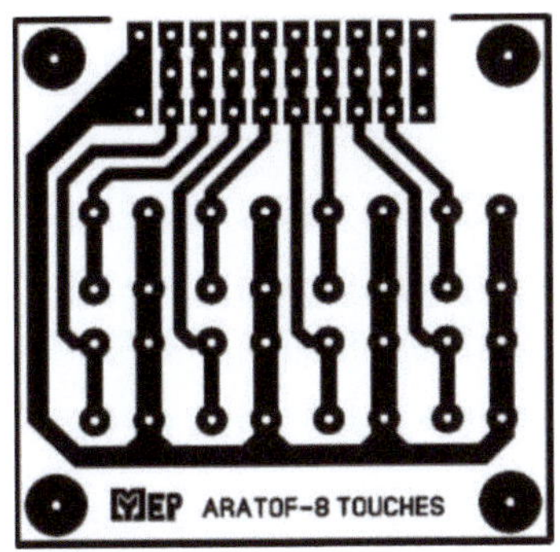

Figure 2.88 Typon

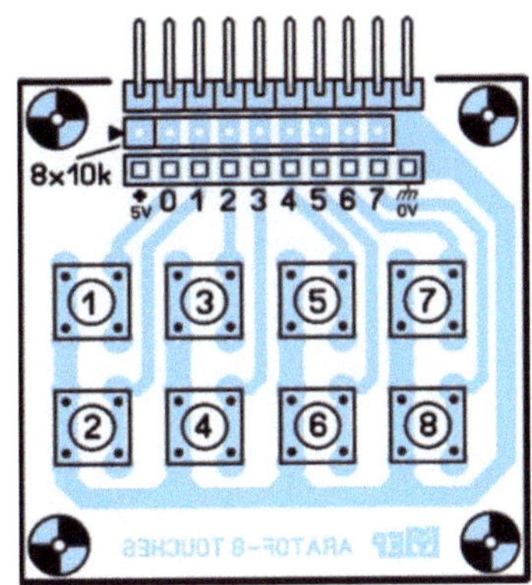

Figure 2.89 Implantation

Réseaux de résistances :
>   **RES1 :** 8 x 10 kΩ en ligne

Divers :
>   8 Touches miniatures pour circuit imprimé
>   10 Broches de barrette sécable mâle coudée de type SIL
>   10 Broches de barrette sécable femelle de type tulipe

2.6.10 - CARTE D'EXTENSION AVEC UN AFFICHEUR A 7 SEGMENTS

La platine du circuit PCF8574 dispose d'un connecteur à 10 points. Ce circuit étant bidirectionnel, il peut recevoir les informations de capteurs, comme le précédent clavier, ou commander des actionneurs. Voici donc une platine supportant un afficheur à 7 segments de 20 mm, munie d'un connecteur mâle à 10 broches. Cette carte convient également à la platine du registre à décalage à base du 74HC595.

La carte d'extension à avec un afficheur à sept segments

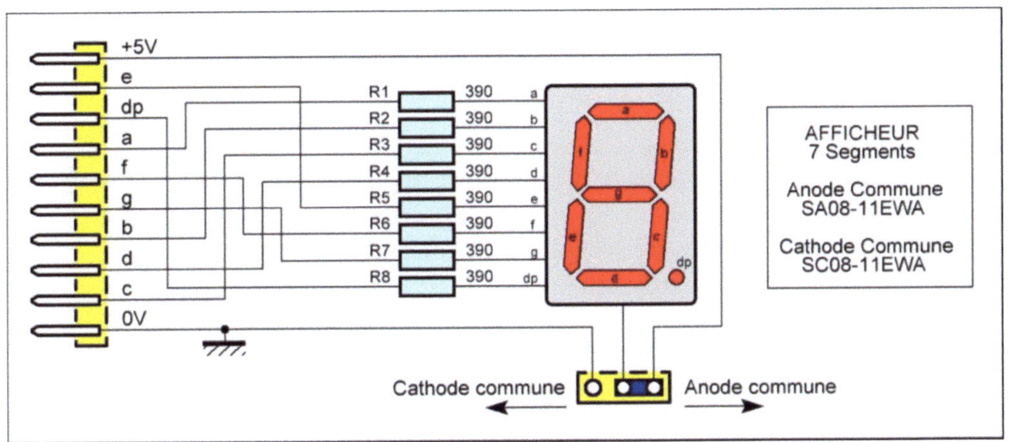

Figure 2.90   Schéma de la platine munie d'un afficheur à 7 segments

Le schéma de la **figure 2.90** ne présente aucune difficulté. Les résistances R1 à R8 limitent le courant pour chaque segment.

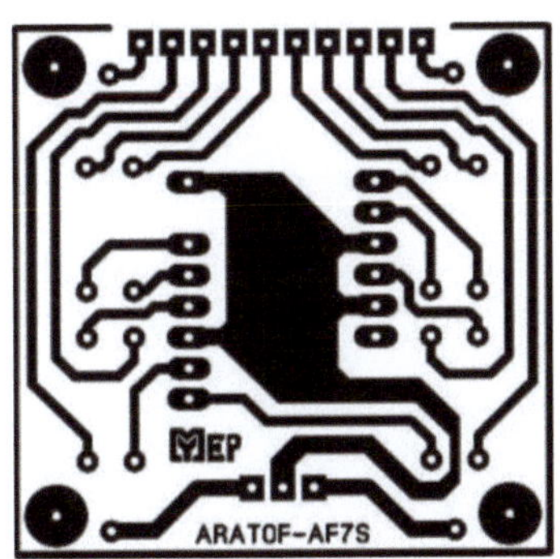

Figure 2.91   Typon

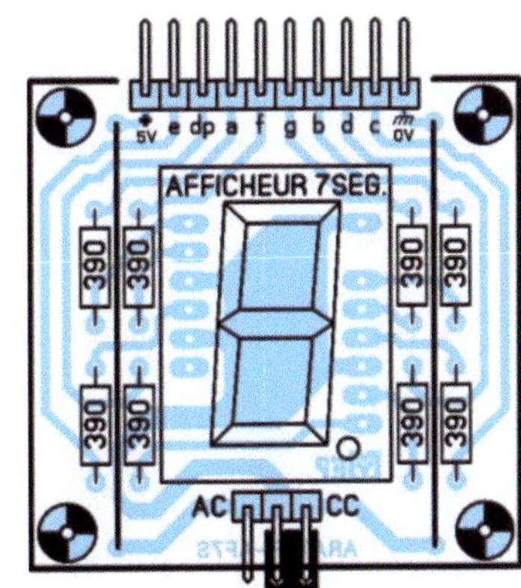

Figure 2.92   Implantation

Le cavalier de configuration permet de sélectionner indifféremment un afficheur à anode ou cathode commune. Pour le PCF8574 nous avons besoin d'afficheurs à anode commune alors que pour le 74HC595 ils doivent avoir la cathode commune. Le typon du circuit imprimé est dessiné à la **figure 2.91** et la **figure 2.92** donne l'implantation des composants.

LES COMPOSANTS

Résistances 5% 1/2 Watt :

   R1 à R8 : 390 Ω (orange, blanc, marron)

Semi-conducteurs :

   Afficheur : 7 segments SA08-11EWA ou SC08-11EWA (voir texte)

Divers :

   13 Broches de barrette sécable mâle coudée de type SIL

   1 Cavalier de configuration

2.6.11 - CARTE D'EXTENSION AVEC UN BARGRAPHE A 10 LEDS

A l'instar de la platine de l'afficheur à 7 segments munie d'un connecteur mâle à 10 broches, nous avons développé un module supportant un bargraphe à 10 leds. Le schéma de la **figure 2.93** s'apparente à celui de l'afficheur à 7 segments. Le réseau RES1 limite le courant pour les leds 2 à 9. Les résistances R1 et R2 jouent le même rôle pour les leds 1 et 10. L'accès à ces deux dernières s'effectue par les broches « A » et « B ». Le cavalier de configuration permet de sélectionner indifféremment l'anode ou la cathode commune. Pour inverser la polarité du bargraphe, il suffit, tout simplement, de le retourner sur son support à 20 broches. Le typon du circuit imprimé est dessiné à la **figure 2.94** et la **figure 2.95** donne l'implantation des composants.

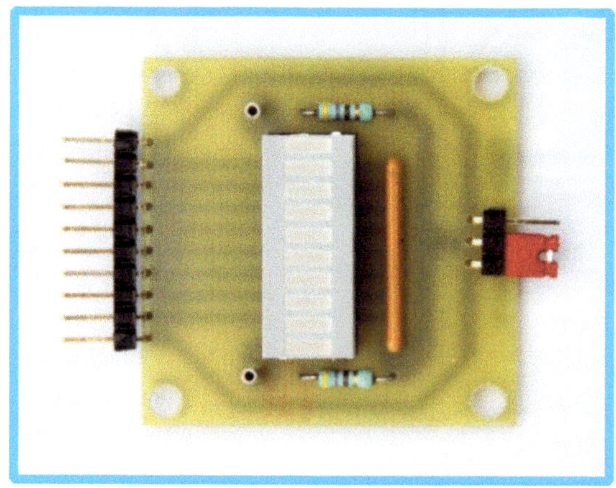

La carte d'extension avec un bargraphe à dix leds

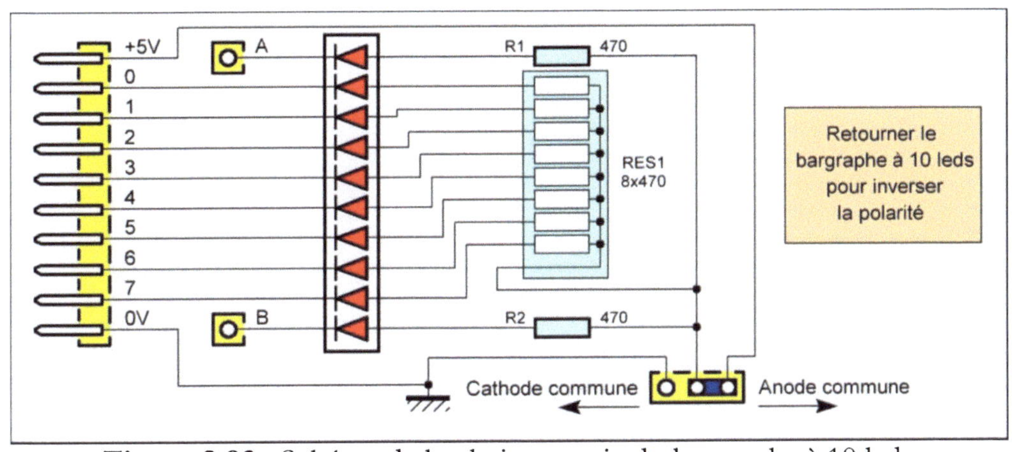

Figure 2.93   Schéma de la platine munie du bargraphe à 10 leds

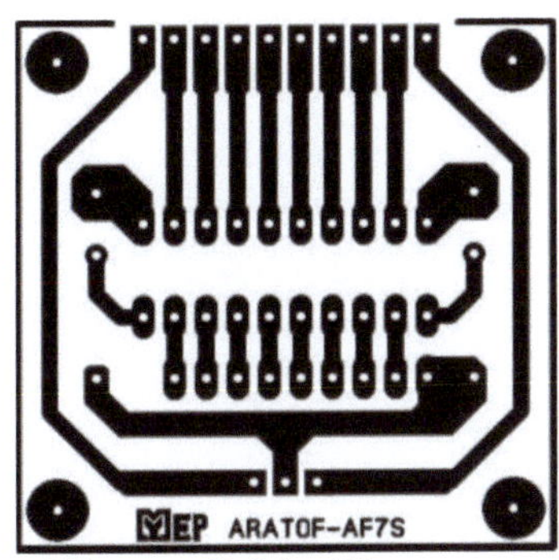

Figure 2.94   Typon

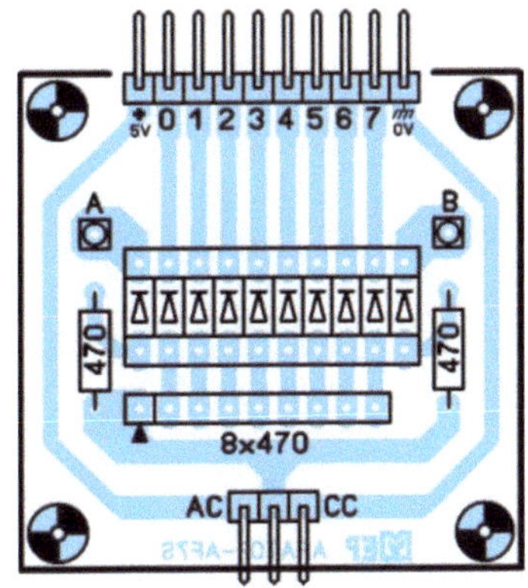

Figure 2.95   Implantation

LES COMPOSANTS

Résistances 5% 1/2 Watt :

   R1 ; R2 : 470 Ω (jaune, violet, marron)

Réseaux de résistances :

   RES1 : 8 x 470 Ω en ligne

Semi-conducteurs :

   Bargraphe : 10 leds

Divers :

   13 Broches de barrette sécable mâle coudée de type SIL

   1 Cavalier de configuration

3 LES APPLICATIONS ÉLECTRONIQUES

Nous entrons maintenant dans le vif du sujet avec les applications modulaires. L'intérêt porte sur les programmes et leur contenu afin de faire fonctionner un assemblage de platines raccordées à la platine principale supportant le module Arduino-UNO. Ainsi, nous exécutons des tâches précises en vue d'obtenir le fonctionnement équivalent à un appareil commercial. Plus de soudures à faire, il suffit de raccorder les cartes filles à la carte mère.

Nous considérons que vous avez installé le logiciel « ARDUINO », que vous savez saisir et éditer un croquis (programme sous Arduino), vérifier sa syntaxe, l'enregistrer sur le disque dur, l'ouvrir et le « téléverser » (charger en mémoire) dans le module Arduino-UNO, après le paramétrage du port de communication et le choix du module utilisé. Si certaines de ces opérations vous paraissent encore obscures, reportez-vous au début de cet ouvrage.

Bien qu'il soit possible d'expérimenter nos projets de manière tout à fait ludique, il est malgré tout recommandé et plus sérieux, de posséder les notions élémentaires dans le domaine de l'électronique dans le cas où l'utilisateur n'a pas lui-même réalisé les platines.

Pour d'évidentes raisons de sécurité, les montages sont alimentés par un bloc secteur moulé ou par le port USB de l'ordinateur. Si des enfants manipulent les circuits, il serait **très dangereux d'utiliser une autre source de tension**. Des batteries risquent d'exploser en cas de court-circuit et une alimentation par le secteur présente un risque d'électrocution !

Chaque application se déroule de manière identique. La présentation explique le but de l'expérimentation, et les principes mis en œuvre. Le schéma de câblage montre les raccordements à effectuer et les platines à utiliser. Nous décrivons ensuite le croquis portant l'extension « .ino » à téléverser dans l'Arduino-UNO et nous vous proposons un exercice de programmation visant à perfectionner le projet et vous assurer de l'acquisition des connaissances avant de passer à l'application suivante. Les codes source (croquis) sont très largement commentés afin que chacun puisse les comprendre, étudiez-les en détails.

3.1 - UNE LED CLIGNOTE

PRÉSENTATION

Commençons en douceur par le projet le plus simple possible. Assurément, certains lecteurs trouveront cette expérimentation trop simple, mais pour quelqu'un qui découvre la programmation d'un microcontrôleur, la réussite passe par cette étape !

L'utilisateur n'a rien à faire. Une fois le croquis téléversé en mémoire de l'Arduino-UNO, la led reliée à l'E/S 13, configurée en sortie, clignote indéfiniment. Même après une longue période hors tension, il suffit d'alimenter le module et la led se remet à clignoter. Pour ce projet, il est possible de se passer de toute platine, car le constructeur de l'Arduino-UNO a intégré une led sur la ligne 13.

Cette première expérimentation offre l'avantage de s'assurer du bon fonctionnement du module, d'apprendre les premières manipulations et de connaître les bases indispensables à la programmation. Afin de vous familiariser au travail avec ce livre, nous vous invitons malgré tout à effectuer l'expérimentation complète.

SCHÉMA DE CÂBLAGE

Pour cette expérimentation alimentée par le cordon USB, suivez le plan de câblage N°1 de la **figure 3.1** et préparez le matériel suivant :

- La platine principale supportant le module Arduino-UNO,
- 1 platine à une led,
- 1 Cordon à 2 connecteurs à 3 broches femelles.

PROGRAMMATION

Ouvrez le logiciel « ARDUINO » et saisissez ou chargez le croquis « *Projet_01* » représenté à la **figure 3.2**.

Ce croquis peut vous sembler complexe compte tenu du résultat obtenu ! Il s'agit tout simplement de vous donner les bonnes habitudes de programmation. Tout d'abord, ne pas hésiter à ajouter des commentaires : lignes 1 à 8, 11, 12, 17, 18 et à la fin des ordres à exécuter sur chaque ligne importante. Notez les différences de couleur pour s'y repérer.

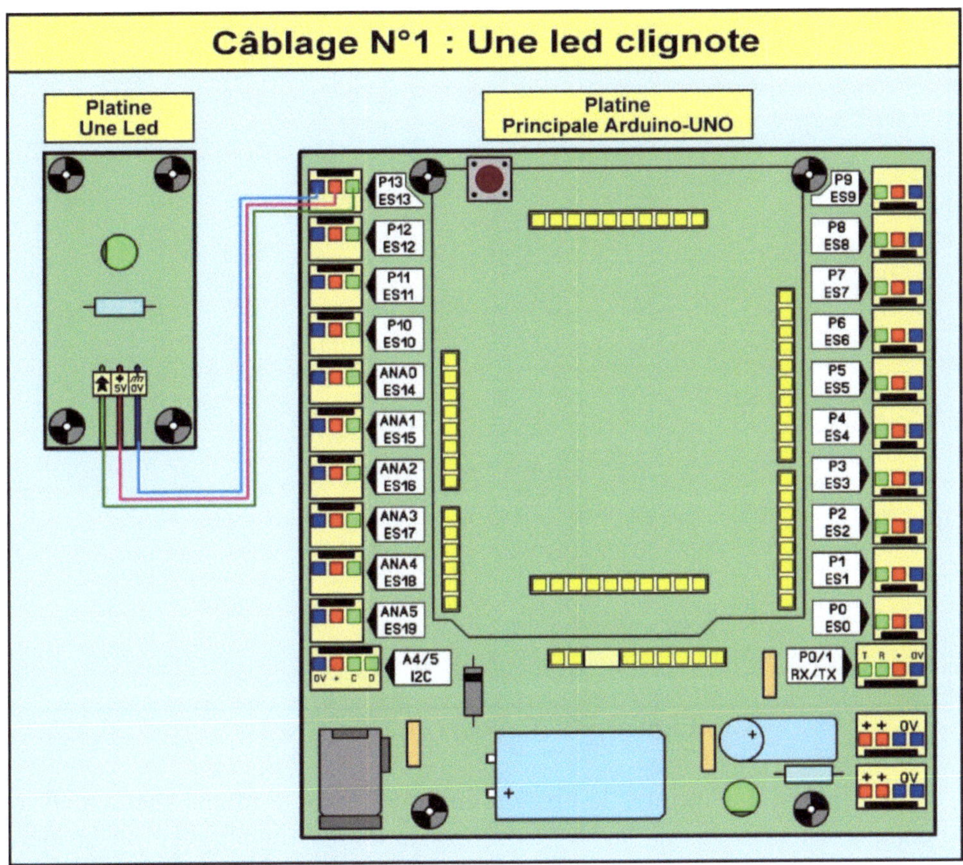

Figure 3.1 Plan de câblage N°1

- Ligne 9. Déclaration de la constante « Led » pour désigner la ligne d'E/S 13. Il est bien plus parlant dans la suite du croquis de voir « Led » que « 13 ».

- Lignes 13 à 15. Procédure « ***setup*** », indispensable dans tout croquis pour Arduino. Ici, la ligne d'E/S de la « Led » est configurée en sortie.

- Lignes 20 à 24. Procédure « ***loop*** », indispensable dans tout croquis pour Arduino. Cette boucle s'exécute sans fin, tant que le module est alimenté et que le pointeur du programme ne rencontre pas une instruction de fin. Ici, la broche de la « Led » est positionnée à l'état haut (ligne 20), puis bas (ligne 22) avec des temporisations intermédiaires de 500mS (lignes 21 et 23). Nous obtenons ainsi un clignotement perpétuel à une fréquence de 1Hz.

```
 1 //==========================================================================
 2 //===        ARDUINO-UNO EN PRATIQUE    ---    (c) Yves MERGY 2016    ===
 3 //===                          Projet N°01                           ===
 4 //===    LED clignote au rythme de 1Hz (1 seconde)                   ===
 5 //==========================================================================
 6
 7 //--------------- DECLARATION DES CONSTANTES ----------------------
 8 //----- Recommandée dans un croquis (programme) ARDUINO ----------
 9 #define Led 13       // LED raccordée à la ligne d'E/S 13
10
11 //--------------- PROCEDURE D'INITIALISATION -----------------------
12 //----- Indispensable dans un croquis (programme) ARDUINO ---------
13 void setup() {
14   pinMode(Led, OUTPUT);    // Ligne de la LED en sortie
15 }
16
17 //--------------- BOUCLE PRINCIPALE --------------------------------
18 //----- Indispensable dans un croquis (programme) ARDUINO ---------
19 void loop(){
20   digitalWrite(Led, HIGH);   // LED allumée
21   delay (500);               // Pause de 500 millisecondes
22   digitalWrite(Led, LOW);    // LED allumée
23   delay (500);               // Pause de 500 millisecondes
24 }
```

Figure 3.2 Croquis du projet N°1

La **figure 3.3** montre le croquis minimal pour le même résultat. Avouez que celui-ci est bien moins lisible. Imaginez le même travail avec un croquis de 200 lignes de code par exemple ! Pour éviter ce désagrément, nous insérons bon nombre de commentaires et faisons toujours appel aux constantes et aux variables

```
1 void setup() {
2   pinMode(13, OUTPUT);
3 }
4 void loop(){
5   digitalWrite(13, HIGH);
6   delay (500);
7   digitalWrite(13, LOW);
8   delay (500);
9 }
```

Figure 3.3 Croquis minimal du projet N°1

3.2 – SIMPLE ALLUMAGE

PRÉSENTATION

Lors de la première application, l'utilisateur n'avait aucune manœuvre à effectuer. La led clignotait sans aucune intervention. Seule une sortie de l'Arduino-UNO était sollicitée. Avec ce second projet, le microcontrôleur va attendre l'action de la main de l'homme pour effectuer la tâche voulue. Nous allons voir comment lire l'état logique d'une entrée afin d'agir en conséquence sur la sortie. Pour la première réalisation, restons simple et allumons la led lorsque la touche est actionnée.

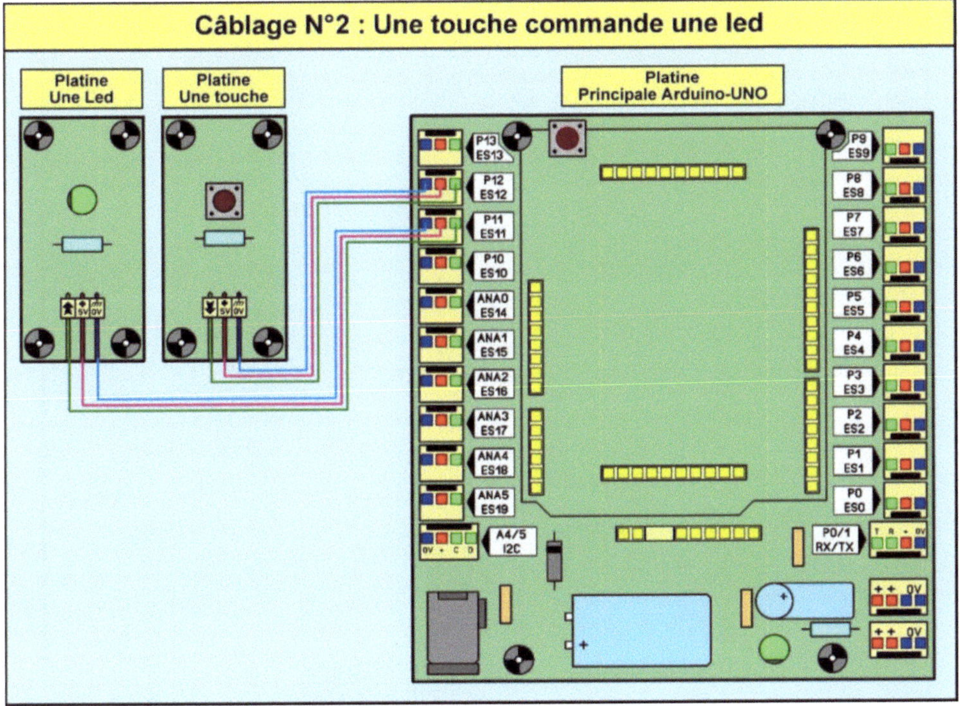

Figure 3.4 Plan de câblage N°2

SCHÉMA DE CÂBLAGE

Pour cette expérimentation alimentée par le cordon USB, suivez le plan de câblage N°2 de la **figure 3.4** et préparez le matériel suivant :

* La platine principale supportant le module Arduino-UNO,

- 1 platine à une led,
- 1 platine à une touche,
- 2 Cordons à 2 connecteurs à 3 broches femelles.

PROGRAMMATION

```
 1 //=============================================================
 2 //===       ARDUINO-UNO EN PRATIQUE    ---    (c) Yves MERGY 2016    ===
 3 //===                          Projet N°02                          ===
 4 //===    Led éteinte, appui sur la touche : la led s'allume         ===
 5 //=============================================================
 6
 7 //--------------- DECLARATION DES CONSTANTES ---------------------
 8 //----- Recommandée dans un croquis (programme) ARDUINO ----------
 9 #define Touche 12  // TOUCHE raccordée à la ligne d'E/S 12
10 #define Led 13     // LED raccordée à la ligne d'E/S 13
11
12 //--------------- DECLARATION DES VARIABLES ----------------------
13 //----- Recommandée dans un croquis (programme) ARDUINO ----------
14 int Etat = 0;            // Etat logique de la TOUCHE
15
16 //--------------- PROCEDURE D'INITIALISATION ---------------------
17 //----- Indispensable dans un croquis (programme) ARDUINO --------
18 void setup() {
19   pinMode(Led, OUTPUT);    // Ligne de la LED en sortie
20   pinMode(Touche, INPUT); // Ligne de la TOUCHE en entrée
21 }
22
23 //--------------- BOUCLE PRINCIPALE -----------------------------
24 //----- Indispensable dans un croquis (programme) ARDUINO --------
25 void loop(){
26   Etat = digitalRead(Touche);   // Lecture de l'état de la TOUCHE
27   if (Etat == HIGH) {           // Si elle est au repos ...
28     digitalWrite(Led, LOW);     //... LED éteinte.
29   }
30   else {                        // Sinon ...
31     digitalWrite(Led, HIGH);    // ... LED allumée.
32   }
```

Figure 3.5 Croquis du projet N°2

Ouvrez le logiciel « ARDUINO » et saisissez ou chargez le croquis « ***Projet_02*** » représenté à la **figure 3.5**.

Maintenant, vous connaissez les rudiments et les impératifs d'un croquis pour Arduino. Étudions uniquement les principales lignes de code.

- Lignes 9 et 10. Déclaration des constantes (ici, le nom attribué aux lignes d'entrée et sortie pour la « Touche » et pour la « Led ».).
- Ligne 14. Déclaration de la variable « Etat » et initialisation avec la valeur 0.
- Lignes 18 à 21. La procédure « *setup* » configure la ligne pour la led en sortie et celle pour le touche en entrée.
- Lignes25 à 32. Dans la boucle « *loop* », l'état logique de la ligne de la touche est lu et mémorisé dans la variable « Etat ». Ensuite, un test est effectué et la led reste éteinte si la touche est au repos, ou s'allume si la touche est actionnée.

Même si l'effet obtenu avec ces deux premières expérimentations vous paraît quelque peu basique, savez avez appris plusieurs notions essentielles :
- Effectuer les déclarations,
- Configurer la direction d'une ligne (entrée ou sortie),
- Mémoriser une donnée binaire (1 ou 0) dans une variable,
- Effectuer un test simple avec l'intruction « *if … else …* »,
- Positionner une sortie numérique à l'état haut ou bas (« *HIGH* » ou « *LOW* »)

S'il s'agit de votre toute première expérience dans le domaine des microcontrôleurs, vous êtes en droit d'en tirer déjà une certaine fierté. Le plus difficile consistait à vous lancer, mais il vous reste beaucoup de travail pour acquérir la maîtrise de l'Arduino-UNO. Poursuivons ensemble et tout vous semblera facile.

EXERCICE

En guise d'exercice, tentez d'inverser le fonctionnement du croquis. La led s'allume en permanence et s'éteint lors de l'action sur la touche. Bien évidemment, vous n'avez rien à changer au câblage. L'intervenez qu'au niveau du code de programmation.

3.3 – LED TEMPORISÉE

PRÉSENTATION

Faisons maintenant faire intervenir la notion de temps pour effectuer une tâche, après l'action humaine. Dans la première application, la led clignotait seule, sans aucune intervention. Dans ce projet, il faut prendre en compte une action sur une touche pour allumer une led qui ne s'éteindra qu'après une durée déterminée, à l'avance dans le croquis. Le fonctionnement de cette led ressemble à celui d'une minuterie, un objet que nous connaissons tous très bien.

SCHÉMA DE CÂBLAGE

Pour cette expérimentation alimentée par le cordon USB, suivez toujours le plan de câblage de la **figure 3.4** et préparez le matériel suivant :
- La platine principale supportant le module Arduino-UNO,
- 1 platine à une led,
- 1 platine à une touche,
- 2 Cordons à 2 connecteurs à 3 broches femelles.

PROGRAMMATION

Ouvrez le logiciel « ARDUINO » et saisissez ou chargez le croquis « *Projet_03* » représenté à la **figure 3.6**. Passons maintenant les déclarations et le contenu de la procédure « *setup* ».
- Dans la boucle principale « *loop* », la led reste éteinte si la touche est au repos (ligne 24).
- Après le test de la ligne 23,
- si la touche est actionnée, la led s'allume instantanément (ligne 27).
- Elle reste dans cet état durant une seconde (ligne 28)
- et s'éteint de nouveau (ligne 29),
- en attendant une nouvelle action (ligne 22).

EXERCICE

En guise d'exercice, tentez de prolonger de temps d'allumage à 30 secondes. C'est assez simple. Notez que la minuterie n'est pas sécuritaire : si quelqu'un laisse le doigt sur la touche, la led reste allumée pendant toute cette action !

```
 1 //===============================================================
 2 //===     ARDUINO-UNO EN PRATIQUE    ---    (c) Yves MERGY 2016    ===
 3 //===                          Projet N°03                        ===
 4 //=== Appui sur la touche : la led s'allume durant 1 seconde      ===
 5 //===============================================================
 6
 7 //----- CONSTANTES ----------------------------------------------
 8 #define Touche 12   // TOUCHE raccordée à la ligne d'E/S 12
 9 #define Led 13      // LED raccordée à la ligne d'E/S 13
10
11 //----- VARIABLES -----------------------------------------------
12 int Etat = 0;          // Déclaration de "Etat" pour la TOUCHE
13
14 //--------------- PROCEDURE D'INITIALISATION --------------------
15 void setup() {
16   pinMode(Led, OUTPUT);    // Ligne de la LED en sortie
17   pinMode(Touche, INPUT);  // Ligne de la TOUCHE en entrée
18 }
19
20 //--------------- BOUCLE PRINCIPALE -----------------------------
21 void loop(){
22   Etat = digitalRead(Touche);   // Lecture de l'état de la TOUCHE
23   if (Etat == HIGH) {           // Si elle est au repos ...
24     digitalWrite(Led, LOW);     //... LED éteinte.
25   }
26   else {                        // Sinon ...
27     digitalWrite(Led, HIGH);    // ... LED allumée
28     delay (1000);               // ... Temporisation de 1 seconde
29     digitalWrite(Led, LOW);     // ... LED éteinte.
30   }
31 }
```

Figure 3.6 Croquis du projet N°3

3.4 – LED TEMPORISÉE CLIGNOTANTE

PRÉSENTATION

Notre led temporisée s'allume fixement, comme dans la majorité des minuteries de caves, de couloir, etc. S'il s'agit d'une alarme, la led doit clignoter rapidement un certain nombre de fois pour attirer l'attention, puis s'éteindre. Nous allons étudier comment parvenir à ce résultat en ne changeant que quelques lignes du croquis précédent.

SCHÉMA DE CÂBLAGE

Pour cette expérimentation alimentée par le cordon USB, suivez toujours le plan de câblage de la **figure 3.4** et préparez le matériel suivant :

- La platine principale supportant le module Arduino-UNO,
- 1 platine à une led,
- 1 platine à une touche,
- 2 Cordons à 2 connecteurs à 3 broches femelles.

PROGRAMMATION

Ouvrez le logiciel « ARDUINO » et saisissez ou chargez le croquis « *Projet_04* » représenté à la **figure 3.7**. Passons maintenant les déclarations, le contenu de la procédure « *setup* » et les lignes qui ne changent pas par rapport au croquis précédent.

- Jusqu'à la ligne 27, rien ne change vraiment, hormis la création d'une variable de comptage (ligne 13).
- Ligne 28. Il faut initialiser le compteur à 0 avant de l'utiliser, car sinon, il risque de contenir la dernière valeur en mémoire. Ce qui fausserait complètement le comptage et empêcherait le programme de fonctionner selon nos attentes.
- Ligne 29. Utilisation d'une instruction de boucle de type « *while (condition)* *...* ». Cette boucle contient une ou plusieurs instructions qui s'exécutent tant que (while en anglais) la condition n'est pas remplie (condition vraie en programmation). Ici, la condition consiste à tester si le contenu du compteur reste inférieur à la valeur 20, il peut donc atteindre 19 au maximum, soit 20 valeurs de 0 à 19. Attention ! 0 est bien la première valeur et non 1.
- Ligne 30. Le compteur est incrémenté de 1 point.
- Ligne 31 et 32. La led s'allume durant 30 millisecondes.
- Ligne 33 et 34. Puis s'éteint pendant 50 millisecondes. Si le compteur n'a pas atteint sa valeur maximale de 19, les instructions entre les lignes 30 et 34 s'exécutent de nouveau. Nous obtenons ainsi un clignotent rapide de 20 flashes de la led.
- Si la touche est à nouveau actionnée (ligne 23), le processus recommence.

```
 1 //=================================================================
 2 //===      ARDUINO-UNO EN PRATIQUE    ---    (c) Yves MERGY 2016   ===
 3 //===                       Projet N°04                           ===
 4 //===   Appui sur la touche : la led clignote vite 20 fois        ===
 5 //=================================================================
 6
 7 //------ CONSTANTES ------------------------------------------------
 8 #define Touche 12   // TOUCHE raccordée à la ligne d'E/S 12
 9 #define Led 13      // LED raccordée à la ligne d'E/S 13
10
11 //------ VARIABLES -------------------------------------------------
12 int Etat = 0;          // Déclaration de "Etat" pour la TOUCHE
13 int Compteur = 0;      // Déclaration et valeur initiale du Compteur
14
15 //-------------- PROCEDURE D'INITIALISATION -----------------------
16 void setup() {
17   pinMode(Led, OUTPUT);    // Ligne de la LED en sortie
18   pinMode(Touche, INPUT);  // Ligne de la TOUCHE en entrée
19 }
20
21 //-------------- BOUCLE PRINCIPALE --------------------------------
22 void loop(){
23   Etat = digitalRead(Touche);   // Lecture de l'état de la TOUCHE
24   if (Etat == HIGH) {           // Si elle est au repos ...
25     digitalWrite(Led, LOW);     //... LED éteinte.
26   }
27   else {                        // Sinon ...
28     Compteur = 0;               // ... Valeur du Compteur à 0
29     while(Compteur < 20){       // ... Comptage de 0 à 19
30       Compteur++;               // ... Incrémentation du Compteur
31       digitalWrite(Led, HIGH);  // ... LED allumée
32       delay (30);               // ... Temporisation de 30mS
33       digitalWrite(Led, LOW);   // ... LED éteinte.
34       delay (50);               // ... Temporisation de 50mS
35     }
36   }
37 }
```

Figure 3.7 Croquis du projet N°4

EXERCICE

En guise d'exercice, augmentez le nombre de flashes à 200 (notez bien que la première valeur est 0). Puis, en un second temps, diminuez le temps d'éclairement de la led à 15 mS par flash, tout en gardant le même tempo.

3.5 – MINUTERIE RÉGLABLE À SORTIE SUR RELAIS

PRÉSENTATION

Nous allons perfectionner le projet du paragraphe 3.3 en actionnant non plus une simple led, mais un relais électromécanique avec des contacts secs. Ils supportent un courant de 8 ampères et peuvent commuter toute tension comprise entre 0 et 48V (et plus encore). En faisant appel à un potentiomètre, la durée d'allumage devient variable dans une large proportion (entre 100 millisecondes et 30 secondes).

SCHÉMA DE CÂBLAGE

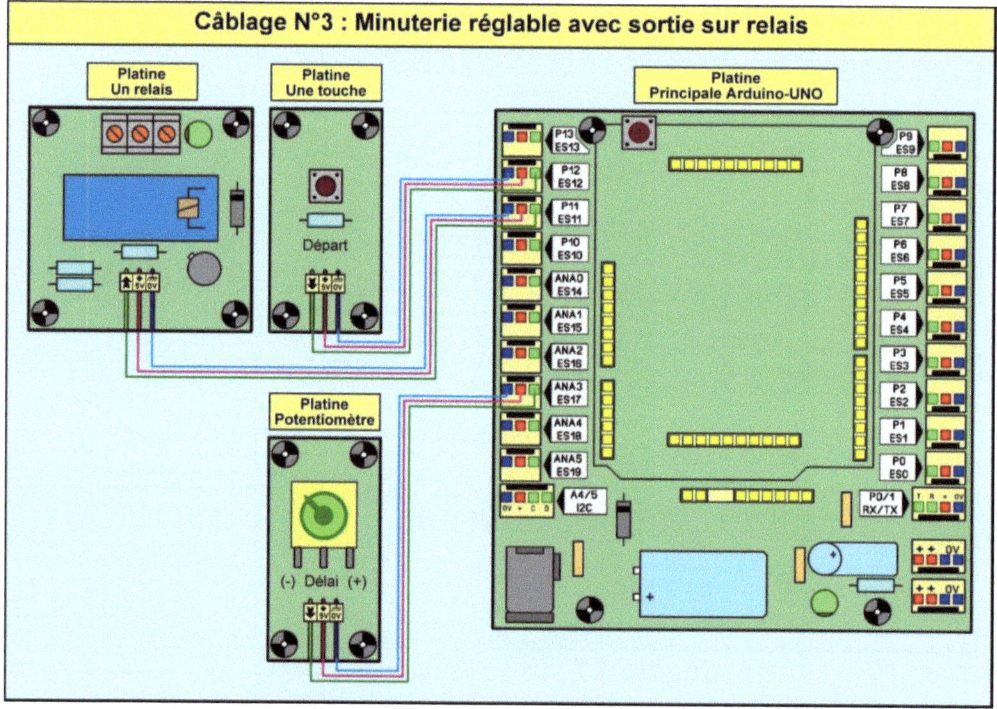

Figure 3.8 Plan de câblage N°3

Pour cette expérimentation alimentée par le cordon USB, suivez le plan de câblage N°3 de la **figure 3.8** et préparez le matériel suivant :

- La platine principale supportant le module Arduino-UNO,

- 1 platine interface à relais,
- 1 platine à une touche,
- 1 platine potentiomètre,
- 3 Cordons à 2 connecteurs à 3 broches femelles.

PROGRAMMATION

Ouvrez le logiciel « ARDUINO » et saisissez ou chargez le croquis « ***Projet_05*** » représenté à la **figure 3.9**. Passons maintenant les déclarations, le contenu de la procédure « ***setup*** » et les lignes qui ne changent pas par rapport au croquis précédent.

```
 1 //=============================================================
 2 //===     ARDUINO-UNO EN PRATIQUE    ---    (c) Yves MERGY 2016    ===
 3 //===                        Projet N°05                          ===
 4 //===   Minuterie réglable de 1S à 30S avec sortie sur relais     ===
 5 //=============================================================
 6
 7 //----- CONSTANTES -------------------------------------------
 8 #define Touche 12   // TOUCHE raccordée à la ligne d'E/S 12
 9 #define Relais 11   // RELAIS raccordé à la ligne d'E/S 11
10 //----- VARIABLES --------------------------------------------
11 int Etat = 0;        // Déclaration de "Etat" pour la TOUCHE
12 unsigned int Pot;   // Variables du POTENTIOMETRE
13 //---------------- PROCEDURE D'INITIALISATION ----------------
14 void setup() {
15   pinMode(Relais, OUTPUT);   // Ligne du RELAIS en sortie
16   pinMode(Touche, INPUT);    // Ligne de la TOUCHE en entrée
17 }
18 //---------------- BOUCLE PRINCIPALE -------------------------
19 void loop(){
20   Pot = analogRead(A3);          // Lecture du potentiomètre sur l'entrée ANA3
21   Pot = map(Pot, 0, 1023, 1000, 30000);   // Conversion de 0 à 1023 en 1000 à 30000
22   Etat = digitalRead(Touche);   // Lecture de l'état de la TOUCHE
23   if (Etat == LOW) {            // Si la TOUCHE est actionnée ...
24     digitalWrite(Relais, HIGH);   //... LED allumée
25     delay (Pot); // ... Tempo. en fonction de la position du potentiomètre
26     digitalWrite(Relais, LOW);    //... LED éteinte.
27   }
28 }
```

Figure 3.9 Croquis du projet N°5

- Ligne 12. Nous allons aborder la lecture des entrées du convertisseur Analogique / Digital (par la suite, nous les appellerons entrées « ANA » tout simplement suivi du numéro de canal entre 0 et 5). La lecture d'une telle entrée nécessite la déclaration d'une variable destinée à mémoriser la valeur comprise entre 0 et 1023. Nous la nommons « Pot » pour potentiomètre.
- Ligne 20. La valeur lue sur l'entrée ANA3 est mémorisée dans « Pot ».
- Ligne 21. Voici l'instruction « ***map (…)*** ». Celle-ci se révèle particulièrement intéressante car elle a pour tâche de convertir un éventail de valeurs en une échelle quelconque d'autres valeurs, définie à l'avance. Par exemple : ici, la lecture du potentiomètre revoie une valeur comprise entre 0 et 1023. Or, cette plage ne nous convient pas car elle ne correspond pas à notre temporisation comprise entre 1 et 30 secondes. L'instruction va donc effectuer cela pour nous, tout simplement, en une seule ligne de code. Nous vous invitons à l'étudier attentivement car, comme vous le constaterez ultérieurement, elle ne sert pas uniquement pour des entrées ANA.
- La suite du croquis comporte des instructions déjà utilisées, que vous connaissez bien maintenant.

EXERCICE

Si vous avez bien assimilé le fonctionnement de l'instruction « ***map (…)*** », modifiez l'échelle des temporisations pour obtenir une plage comprise entre 5 secondes et 1 minute. Attention, à ne pas dépasser la valeur maximale de 65535, sinon il faudrait changer de type de variable pour « Pot ».

3.6 – MINUTERIE SÉCURITAIRE RÉGLABLE À SORTIE SUR RELAIS

PRÉSENTATION

Notre minuterie, ou temporisateur à relais fonctionne très bien, mais elle n'est pas vraiment fiable. Si la touche est maintenue enfoncée, le relais va rester activé, ce n'est pas le rôle d'une minuterie. Voyons comment modifier notre projet pour empêcher cet inconvénient sur une action malveillante, ou une défaillance de la touche. Quelque soit la durée de l'impulsion sur la touche, nous souhaitons que le temps d'activation du relais reste inchangé. Après ce laps de temps, il retombe impérativement. Il faut relâcher la touche avant une nouvelle action pour relancer la minuterie.

SCHÉMA DE CÂBLAGE

Pour cette expérimentation alimentée par le cordon USB, suivez toujours le plan de câblage N°3 de la **figure 3.8** et préparez le matériel suivant :

- La platine principale supportant le module Arduino-UNO,
- 1 platine interface à relais,
- 1 platine à une touche,
- 1 platine potentiomètre,
- 3 Cordons à 2 connecteurs à 3 broches femelles.

```
1  //================================================================
2  //===      ARDUINO-UNO EN PRATIQUE   ---    (c) Yves MERGY 2016   ===
3  //===                         Projet N°06                        ===
4  //===   Minuterie sécuritaire sur relais réglable de 1S à 30S.   ===
5  //================================================================
6
7  //----- CONSTANTES ------------------------------------------
8  #define Touche 12   // TOUCHE raccordée à la ligne d'E/S 12
9  #define Relais 11   // RELAIS raccordé à la ligne d'E/S 11
10 //----- VARIABLES -------------------------------------------
11 int Etat = 0;        // Déclaration de "Etat" pour la TOUCHE
12 unsigned int Pot;   // Variables du POTENTIOMETRE
13 //--------------- PROCEDURE D'INITIALISATION -----------------
14 void setup() {
15   pinMode(Relais, OUTPUT);   // Ligne du RELAIS en sortie
16   pinMode(Touche, INPUT);    // Ligne de la TOUCHE en entrée
17 }
18 //--------------- BOUCLE PRINCIPALE ----------------------------
19 void loop(){
20   Pot = analogRead(A3);    // Lecture du potentiomètre sur l'entrée ANA3
21   Pot = map(Pot, 0, 1023, 1000, 30000); // Conversion de 0 à 1023 en 1000 à 30000
22   Etat = digitalRead(Touche);  // Lecture de l'état de la TOUCHE
23   if (Etat == LOW) {          // Si la TOUCHE est actionnée ...
24     digitalWrite(Relais, HIGH);  //... LED allumée
25     delay (Pot); // ... Tempo. en fonction de la position du potentiomètre
26     digitalWrite(Relais, LOW);    //... LED éteinte.
27     do {  // Boucle pour savoir si la TOUCHE reste actionnée
28       Etat = digitalRead(Touche);  // Lecture de l'état de la TOUCHE
29     } while (Etat == LOW);     //Retour si l'Etat de la TOUCHE est inchangé
30   }
31 }
```

Figure 3.10   Croquis du projet N°6

PROGRAMMATION

Ouvrez le logiciel « ARDUINO » et saisissez ou chargez le croquis « *Projet_06* » représenté à la **figure 3.10**.

- Notre croquis ne change pas jusqu'à la ligne 26. En effet, tout doit fonctionner de la même manière jusqu'à la fin de la temporisation. A ce stade, il faut s'assurer que la touche n'est pas restée actionnée avant d'attendre un nouveau cycle.
- Ligne 27. Lancement d'une nouvelle boucle qui ne s'interrompt que lorsqu'une condition est remplie : « ***do … while (condition)*** ». Toutes les instructions entre « ***do*** » et « ***while*** » s'exécutent autant de fois que nécessaire.
- Ligne 28. Ici l'état logique de la touche est lu et mémorisé dans la variable « Etat ».
- Ligne 29. La condition de sortie de la boucle implique que le contenu de la variable « Etat » soit différent de « LOW » (tant qu'elle est égale à « LOW » la boucle recommence). Il s'agit bien de la touche relâchée.

EXERCICE

Vous savez certainement qu'il existe plusieurs manières d'écrire un programme pour accomplir une certaine tâche. Essayez donc de modifier la condition de la boucle pour obtenir le même résultat.

3.7 – LED RVB (3COULEURS) GÉRÉE PAR 3 POTENTIOMÈTRES

PRÉSENTATION

À ce niveau nous savons maintenant lire l'état d'une entrée logique ou analogique, ordonner le niveau d'une sortie numérique, et connaissons un certain nombre d'instructions pour développer déjà des croquis Arduino intéressants.

Sur un module Arduino-UNO, le signal de certaines sorties peut prendre une forme particulière consistant en des impulsions de largeur modulable (MLI ou PWM). En fonction du rapport cyclique variant de 0 à 100%, l'impulsion du signal reste au niveau haut. En langage Arduino, le rapport ne s'exprime pas de 0 à 100, mais de 0 à 255. La valeur maximale correspondant à 100%. La **figure 3.11** illustre ce principe. La fréquence porteuse étant assez élevée, nous obtenons une tension proportionnelle au rapport cyclique. **Attention ! Regarder une LED en face présente un DANGER pour la rétine de l'œil.**

En pratique, la led RVB comporte trois couleurs primaires (Rouge, Vert et Bleu) qui éclairent plus ou moins fort en fonction de la tension appliquée sur chacune d'elles. En combinant ces trois couleurs, il est possible d'obtenir un grand nombre de teintes en jouant sur les intensités lumineuses au moyen de trois potentiomètres.

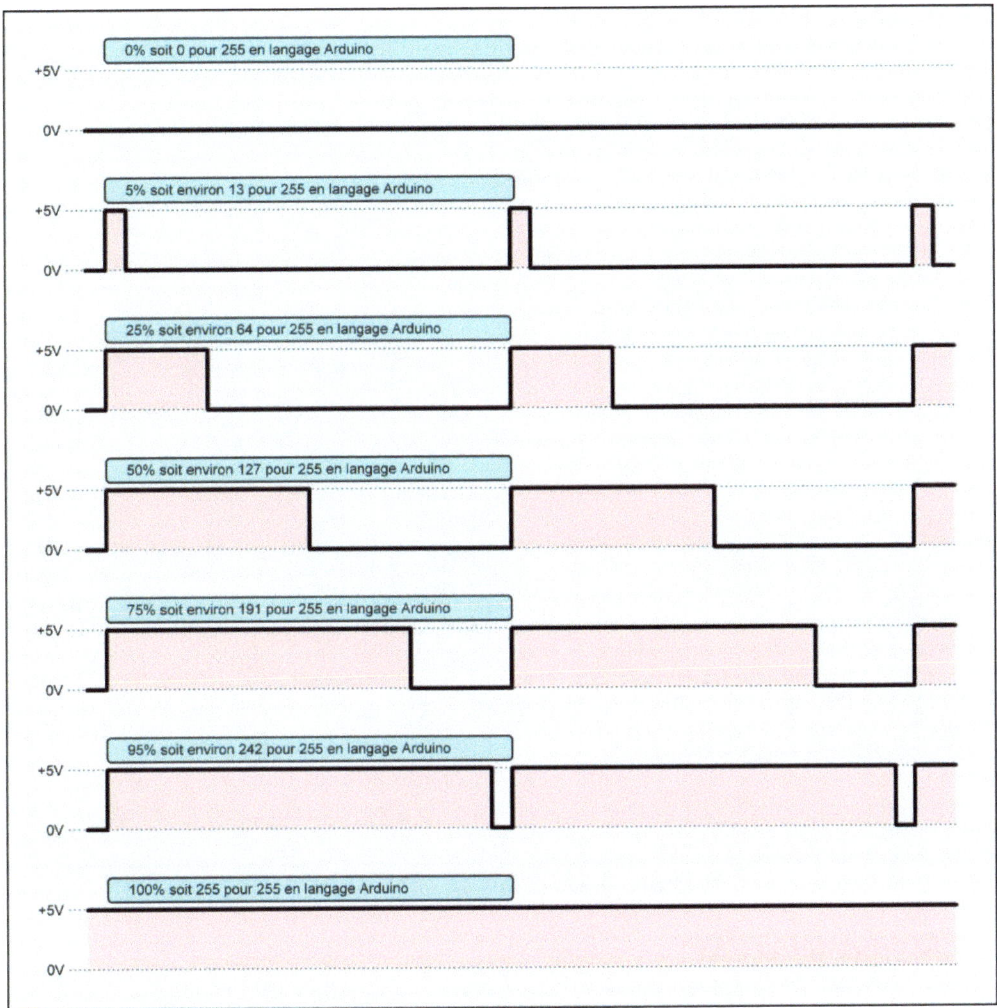

Figure 3.11 Diagramme représentant le rapport cyclique

__SCHÉMA DE CÂBLAGE__

Pour cette expérimentation alimentée par le cordon USB, suivez le plan de câblage N°4 de la **figure 3.12** et préparez le matériel suivant :

103

- La platine principale supportant le module Arduino-UNO,
- 1 platine avec la led RVB,
- 3 platines à potentiomètre,
- 6 Cordons à 2 connecteurs à 3 broches femelles.

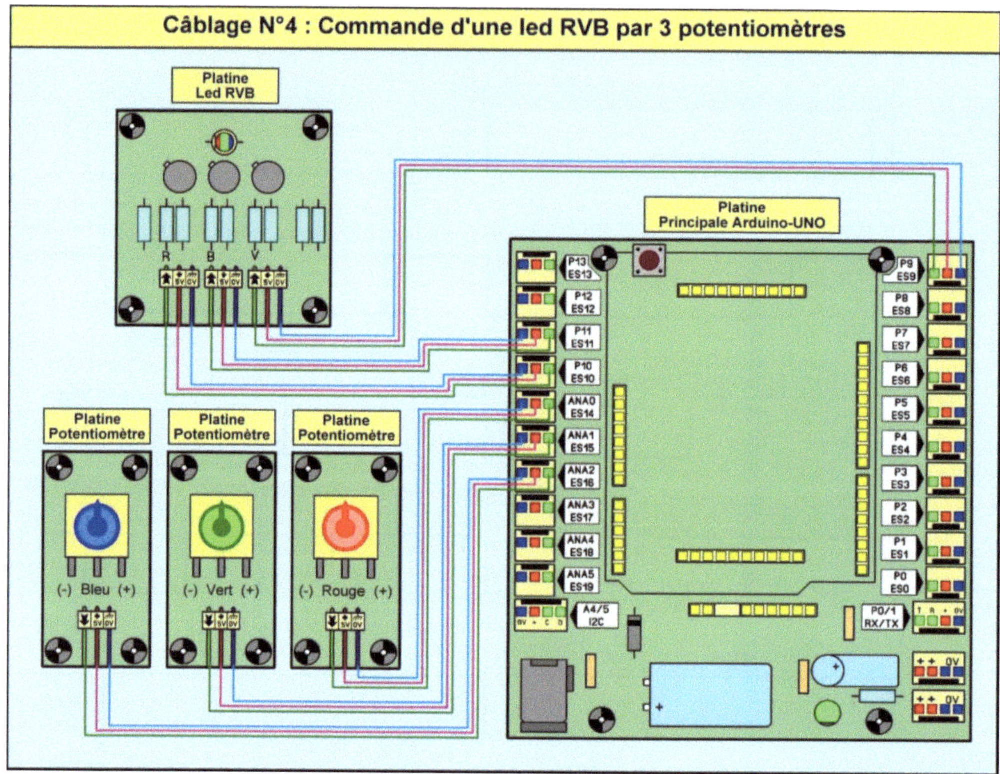

Figure 3.12 Plan de câblage N°4

__PROGRAMMATION__

Ouvrez le logiciel « ARDUINO » et saisissez ou chargez le croquis « *Projet_07* » représenté à la **figure 3.13**.

```
 1 //=================================================================
 2 //===      ARDUINO-UNO EN PRATIQUE    ---    (c) Yves MERGY 2016      ===
 3 //===                         Projet N°07                            ===
 4 //===      Test d'une LED RVB commandée par 3 POTENTIOMETRES         ===
 5 //=================================================================
 6
 7 //------ CONSTANTES ----------------------------------------------
 8 #define Rouge 10   // Couleur ROUGE raccordée à la ligne d'E/S 10
 9 #define Vert 9     // Couleur VERTE raccordée à la ligne d'E/S 9
10 #define Bleu 11    // Couleur BLEUE raccordée à la ligne d'E/S 11
11 //------ VARIABLES ----------------------------------------------
12 unsigned int PotR, PotV, PotB;  // Variables des 3 POTENTIOMETRES
13 //--------------- PROCEDURE D'INITIALISATION --------------------
14 void setup() {
15   pinMode(Rouge, OUTPUT);   // Ligne de la LED ROUGE en sortie
16   pinMode(Vert, OUTPUT);    // Ligne de la LED VERTE en sortie
17   pinMode(Bleu, OUTPUT);    // Ligne de la LED BLEUE en sortie
18 }
19 //--------------- BOUCLE PRINCIPALE ----------------------------
20 void loop(){
21   PotR = analogRead(A0);                 // Lecture du potentiomètre pour le ROUGE
22   PotR = map(PotR, 0, 1023, 255, 0);     // Conversion de 0 à 1023 en 255 à 0
23   analogWrite( Rouge, PotR );            // Commande de la LED ROUGE
24   PotV = analogRead(A1);                 // Lecture du potentiomètre pour le VERT
25   PotV = map(PotV, 0, 1023, 255, 0);     // Conversion de 0 à 1023 en 255 à 0
26   analogWrite( Vert, PotV );             // Commande de la LED VERTE
27   PotB = analogRead(A2);                 // Lecture du potentiomètre pour le BLEU
28   PotB = map(PotB, 0, 1023, 255, 0);     // Conversion de 0 à 1023 en 255 à 0
29   analogWrite( Bleu, PotB );             // Commande de la LED BLEUE
30 }
```

Figure 3.13 Croquis du projet N°7

- Lignes 8 à 10. Déclaration des constantes désignant les sorties PWM pour gérer les 3 couleurs de base de la led RVB.

- Ligne 12. Notez qu'il est tout à fait possible de déclarer plusieurs variables de même type sur une seule ligne.

- Lignes 21, 24 et 27. Lecture de la position du curseur de chaque potentiomètre correspondant aux trois couleurs.

- Lignes 22, 25 et 28. Conversion de chaque valeur en une donnée cohérente pour l'instruction de sortie du signal PWM de chaque couleur. Une échelle de 0 à 1023 du potentiomètre (sur 10 bits) donne une plage inversée variant entre 255 et 0. Pourquoi inverser la plage de valeurs ? Tout simplement du fait que la led RVB est commandée par trois transistors PNP. Il faut donc un niveau bas et non un niveau haut sur les bases, pour les débloquer. Une valeur de 255 équivaut au +5V et éteint la led, un 0V donne l'éclairage maximal. Le potentiomètre permet d'obtenir toutes les valeurs intermédiaires.

- Lignes 23, 26 et 29. L'instruction « ***analogWrite (… , …)*** » gère une sortie PWM en envoyant , sur une broche précise, une valeur allant de 0 à 255.

EXERCICE

Modifiez le croquis pour que la led ne s'éteigne jamais complètement, mais garde toujours un minimum de brillance, pour chaque couleur, même avec les potentiomètres en butée.

3.8 – LED RVB. 7 COULEURS RYTHMÉES PAR UN POTENTIOMÈTRE

PRÉSENTATION

Ce projet utilise toujours une led RVB, mais les nuances générées par les trois couleurs de base changent seules et très progressivement, au rythme de la position d'un seul potentiomètre. Notez que ce composant ne joue plus du tout le même rôle que précédemment alors que le schéma n'a pratiquement pas changé, d'où l'intérêt de l'emploi de microcontrôleurs dans vos futurs projets.

Avec l'expérimentation précédente, il fallait la main de l'homme pour sélectionner une teinte. Le présent projet constitue une animation lumineuse comme il est courant d'en voir de nos jours à base de bandeaux de leds. Bien sûr, notre petite interface ne permet pas de commander un bandeau de 5 mètres de leds en 12V consommant une intensité de plusieurs ampères. Pourtant, le principe reste rigoureusement identique et nous verrons ultérieurement comment monter en puissance, simplement en changeant l'interface. **Attention ! Regarder une LED en face présente un DANGER pour la rétine de l'œil.**

SCHÉMA DE CÂBLAGE

Pour cette expérimentation alimentée par le cordon USB, suivez le plan de câblage N°5 de la **figure 3.14** et préparez le matériel suivant :
- La platine principale supportant le module Arduino-UNO,
- 1 platine avec la led RVB,
- 1 platine à potentiomètre,
- 4 Cordons à 2 connecteurs à 3 broches femelles.

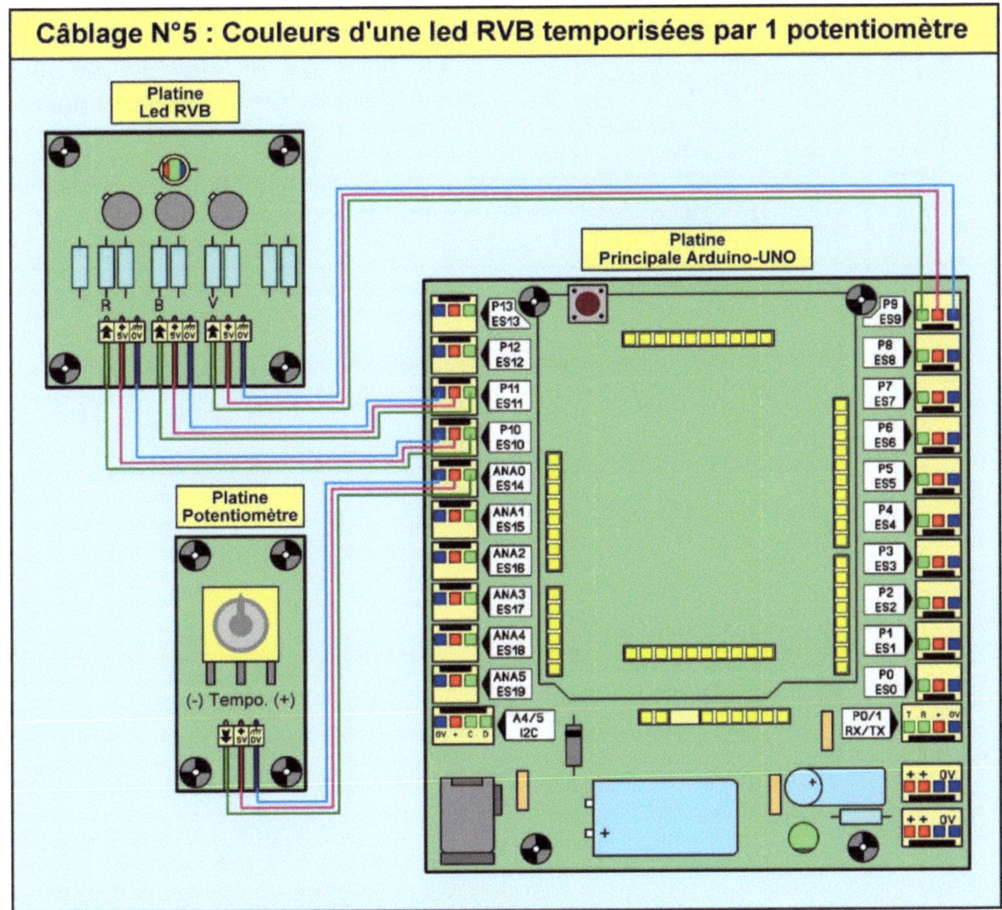

Figure 3.14 Plan de câblage N°5

PROGRAMMATION

Ouvrez le logiciel « ARDUINO » et saisissez ou chargez le croquis « ***Projet_08*** » représenté à la **figure 3.15**.

- Ligne 21. Voyons ici encore un nouveau type de boucle : « ***for …*** ». Cette instruction permet d'exécuter des ordres un nombre de fois bien défini. Étudions la syntaxe, un peu plus étoffée que pour les autres boucles. Si vous n'employez pas une variable déjà déclarée, il faut commencer par en déclarer une locale ainsi que sa valeur initiale (reconnue uniquement dans la boucle) : « ***int CR=255*** ». Le paramètre suivant donne la valeur butée à obtenir :

« **CR >= 1** ». En partant de 255, il faut descendre jusqu'à une valeur inférieure ou égale à 1. Enfin, le dernier paramètre indique le pas de la boucle : « **CR=CR-10** ». À chaque passage la valeur de CR est diminuée de 10.

- Lignes 22 à 25. Il s'agit des instructions à exécuter à chaque pas de la boucle. Nous les avons déjà détaillées lors d'expérimentations précédentes.

```
 1 //=========================================================
 2 //===     ARDUINO-UNO EN PRATIQUE    ---   (c) Yves MERGY 2016    ===
 3 //===                      Projet N°08                           ===
 4 //===     LED RVB, couleurs temporisées par POTENTIOMETRES       ===
 5 //=========================================================
 6
 7 //----- CONSTANTES ---------------------------------------
 8 #define Rouge 10   // Couleur ROUGE raccordée à la ligne d'E/S 10
 9 #define Vert 9     // Couleur VERTE raccordée à la ligne d'E/S 9
10 #define Bleu 11    // Couleur BLEUE raccordée à la ligne d'E/S 11
11 //----- VARIABLES ---------------------------------------
12 unsigned int Pot1;  // Variables du POTENTIOMETRE
13 //----------------- PROCEDURE D'INITIALISATION -----------------
14 void setup() {
15   pinMode(Rouge, OUTPUT);  // Ligne de la LED ROUGE en sortie
16   pinMode(Vert, OUTPUT);   // Ligne de la LED VERTE en sortie
17   pinMode(Bleu, OUTPUT);   // Ligne de la LED BLEUE en sortie
18 }
19 //----------------- BOUCLE PRINCIPALE -----------------
20 void loop(){
21   for (int CR=255; CR >= 1; CR=CR-10){ // De 255 à 1 pour la couleur Rouge
22     analogWrite(Rouge, CR);       // Commande de la led Rouge
23     Pot1 = analogRead(A0);        // Lecture du potentiomètre pour la tempo.
24     Pot1 = map(Pot1, 0, 1023, 0, 500); // Conversion de 0 à 1023 en 0 à 500
25     delay(Pot1);                  // Temporisation en fonction du potentiomètre
26     for (int CV=255; CV >= 1; CV=CV-10){ // De 255 à 1 pour la couleur Verte
27       analogWrite(Vert, CV);      // Commande de la led Verte
28       Pot1 = analogRead(A0);      // Lecture du potentiomètre pour la tempo.
29       Pot1 = map(Pot1, 0, 1023, 0, 500); // Conversion de 0 à 1023 en 0 à 500
30       delay(Pot1);                // Temporisation en fonction du potentiomètre
31       for (int CB=255; CB >= 1; CB=CB-10){ // De 255 à 1 pour la couleur Bleue
32         analogWrite(Bleu, CB);    // Commande de la led Bleue
33         Pot1 = analogRead(A0);    // Lecture du potentiomètre pour la tempo.
34         Pot1 = map(Pot1, 0, 1023, 0, 500); // Conversion de 0 à 1023 en 0 à 500
35         delay(Pot1);              // Temporisation en fonction du potentiomètre
36       }
37     }
38   }
39 }
```

Figure 3.15 Croquis du projet N°8

- Lignes 26 à 38. Une boucle « *for ...* » peut s'utiliser seule, mais ici, nous en imbriquons 3 de même type, pour effectuer le traitement de chacune des 3 couleurs. Chaque boucle effectue 26 pas pour les valeurs suivantes : 255, 245, 235, 225, ……. 35, 25, 15, 5. Les trois boucles combinées comportent donc 17576 pas (26 x 26 x 26) correspondant à autant de nuances.

EXERCICE

Modifiez le croquis pour changer l'ordre des nuances tout en conservant le principe des trois boucles « *for ...* » imbriquées. Bien plus complexe, en modifiant le croquis, faites allumer et s'éteindre progressivement les trois couleurs suivant un rythme dicté par le potentiomètre.

3.9 – AFFICHAGE DE 9 TOUCHES SUR LE TERMINAL DU PC

PRÉSENTATION

A travers ce projet, nous allons étudier le principe et les instructions permettant l'affichage en temps réel sur le terminal sériel de l'ordinateur intégré au logiciel ARDUINO.

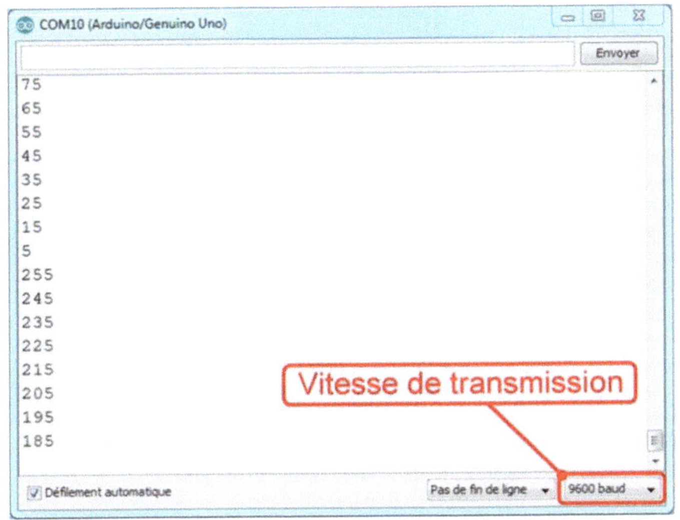

Figure 3.16   Le terminal du logiciel ARDUINO

Ce mode de visualisation s'avère très utile, surtout lorsqu'il s'agit de trouver une erreur dans un important croquis. Il est possible de faire apparaître du texte, mais également le contenu de différentes variables au format souhaité. La **figure 3 .16** montre le terminal en cours d'activité. Notez le petit cadre en bas et à droite destiné à sélectionner la vitesse de transmission en adéquation avec celle programmée dans le croquis. Toute la communication transite par le cordon de programmation USB, vous n'avez donc aucune autre liaison à effectuer.

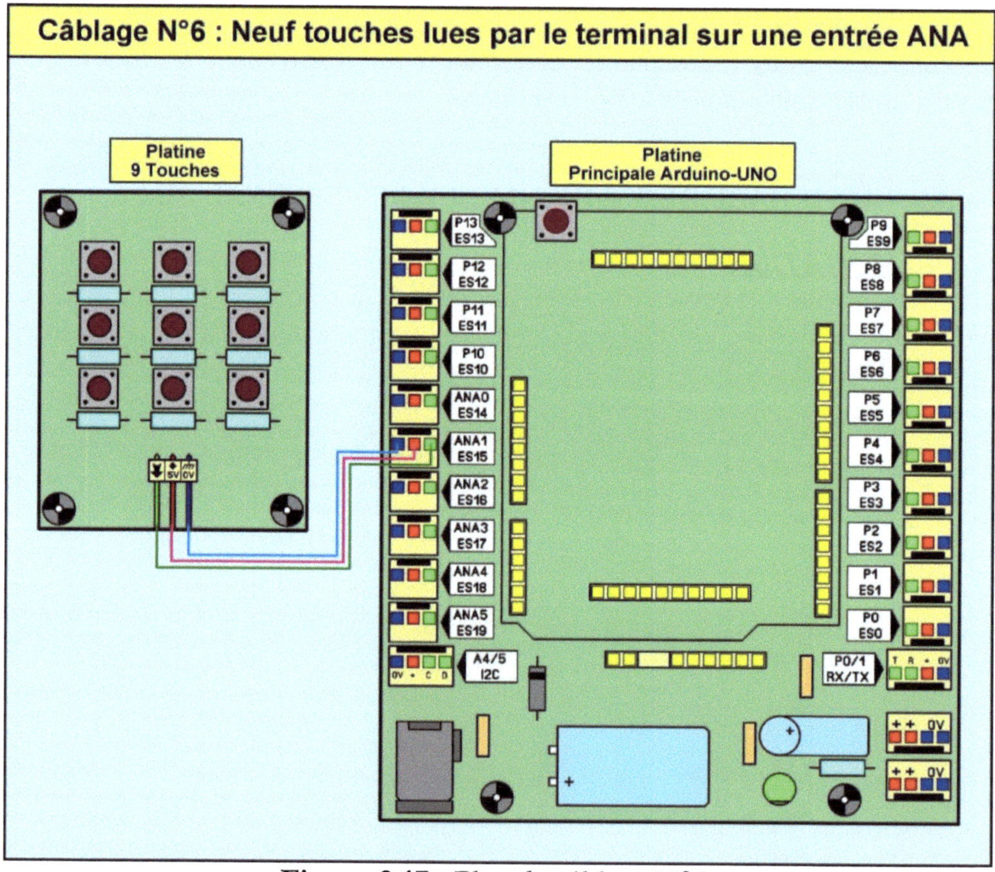

Figure 3.17   Plan de câblage N°6

Voici comment le mettre en service : après le téléversement du croquis, ouvrez l'option « ***Moniteur série*** » du menu « ***Outils*** », ou appuyez sur la combinaison de touches « ***CTRL + MAJ + M*** ».

Nous allons voir aussi comment se servir d'une entrée ANA pour gérer plusieurs touches numériques. Cette astuce économise plusieurs entrées digitales, bien précieuses pour d'ambitieux projets.

SCHÉMA DE CÂBLAGE

Pour cette expérimentation alimentée par le cordon USB, suivez le plan de câblage N°6 de la **figure 3.17** et préparez le matériel suivant :

- La platine principale supportant le module Arduino-UNO,
- 1 platine à 9 touches sur une entrée ANA,
- 1 Cordon à 2 connecteurs à 3 broches femelles.

PROGRAMMATION

Ouvrez le logiciel « ARDUINO » et saisissez ou chargez le croquis « *Projet_09* » représenté sur les **figures 3.18-A et 3.18-B**.

- Ligne 11. Déclaration et initialisation de la variable « TMP_Valeur » à une valeur de 1025, impossible à atteindre sur une entrée ANA. Cette variable contient normalement l'ancienne valeur lue sur l'entrée ANA0 pour le clavier. En lui imposant une telle valeur de départ, nous nous assurons que la prochaine lecture sera prise en compte, même si une touche reste actionnée.
- Ligne 14. Ouverture du port de communication sériel avec une vitesse de transmission de 9600 bauds. Lors de l'ouverture du terminal, après le téléversement du croquis, assurez-vous qu'il soit bien configuré à la même vitesse.
- Lignes 16 à 20. Affichage d'un message de présentation de 5 lignes sur le terminal. A la fin de cette application nous détaillerons les instructions d'affichage et leur syntaxe.
- Ligne 26. Pour savoir si une nouvelle touche est actionnée, nous comparons si la valeur lue précédemment (ligne 25) est différente de la dernière valeur relevée. Comme précisé ci-dessus, au début, le contenu de la variable « TMP_Valeur » est obligatoirement différent.

```
1 //==========================================================================
2 //===      ARDUINO-UNO EN PRATIQUE   ---    (c) Yves MERGY 2016    ===
3 //===                          Projet N°09                        ===
4 //===   CLAVIER A 9 TOUCHES SUR ANA0, AFFICHAGE SUR LE MONITEUR ===
5 //==========================================================================
6
7 //----- CONSTANTES --------------------------------------------------
8 int Clavier = A0;        // Clavier à 9 Touches (S1 à S9) sur la broche A0
9 //----- VARIABLES ---------------------------------------------------
10 int Valeur = 0;          // Variable de lecture du clavier (touches S1 à S9)
11 int TMP_Valeur = 1025; // Variable de mémorisation intermédiaire
12 //--------------- PROCEDURE D'INITIALISATION --------------------
13 void setup() {
14   Serial.begin(9600);  // ouvre le port série à une vitesse de 9600 bauds
15   // Affichage du menu sur le moniteur
16   Serial.println("#==============================================#");
17   Serial.println("#  AFFICHAGE SUR LE TERMINAL SERIEL DU LOGICIEL ARDUINO  #");
18   Serial.println("#  DES VALEURS D'UN CLAVIER A 9 TOUCHES SUR L'ENTREE ANNA0 #");
19   Serial.println("#             APPUYEZ SUR UNE TOUCHE ... SVP.           #");
20   Serial.println("#==============================================#");
21   delay (1000);
22 }
23 //--------------- BOUCLE PRINCIPALE -----------------------------
24 void loop() {
25   Valeur = analogRead(Clavier); // Lecture des touches S1 à S9
26   if (Valeur != TMP_Valeur) {   // Si la valeur a changée
27     if (Valeur < 2) {                        // Si Valeur inférieure à 2 ...
28       Serial.print(Valeur, DEC);          // ... affiche la VALEUR en décimal
29       Serial.println(" =  TOUCHE No1"); // ... et numéro de la touche.
30     }
31     if (Valeur < 517 && Valeur > 511) {  // Si Valeur comprise entre 512 et 516 ...
32       Serial.print(Valeur, DEC);          // ... affiche la VALEUR en décimal
33       Serial.println(" =  TOUCHE No2"); // ... et numéro de la touche.
34     }
35     if (Valeur < 687 && Valeur > 681) {  // Si Valeur comprise entre 682 et 686 ...
36       Serial.print(Valeur, DEC);          // ... affiche la VALEUR en décimal
37       Serial.println(" =  TOUCHE No3"); // ... et numéro de la touche.
38     }
39     if (Valeur < 856 && Valeur > 850) {  // Si Valeur comprise entre 851 et 855 ...
40       Serial.print(Valeur, DEC);          // ... affiche la VALEUR en décimal
41       Serial.println(" =  TOUCHE No4"); // ... et numéro de la touche.
42     }
43     if (Valeur < 822 && Valeur > 816) {  // Si Valeur comprise entre 817 et 821 ...
44       Serial.print(Valeur, DEC);          // ... affiche la VALEUR en décimal
45       Serial.println(" =  TOUCHE No5"); // ... et numéro de la touche.
46     }
47     if (Valeur < 771 && Valeur > 765) { // Si Valeur comprise entre 766 et 770 ...
48       Serial.print(Valeur, DEC);          // ... affiche la VALEUR en décimal
49       Serial.println(" =  TOUCHE No6"); // ... et numéro de la touche.
50     }
```

Figure 3.18-A Croquis du projet N°9 (début)

```
51     if (Valeur < 880 && Valeur > 874) {  // Si Valeur comprise entre 875 et 879 ...
52       Serial.print(Valeur, DEC);          // ... affiche la VALEUR en décimal
53       Serial.println("  =  TOUCHE No7"); // ... et numéro de la touche.
54     }
55     if (Valeur < 899 && Valeur > 893) {  // Si Valeur comprise entre 894 et 898 ...
56       Serial.print(Valeur, DEC);          // ... affiche la VALEUR en décimal
57       Serial.println("  =  TOUCHE No8"); // ... et numéro de la touche.
58     }
59     if (Valeur < 913 && Valeur > 907) {  // Si Valeur comprise entre 908 et 912 ...
60       Serial.print(Valeur, DEC);          // ... affiche la VALEUR en décimal
61       Serial.println("  =  TOUCHE No9"); // ... et numéro de la touche.
62     }
63     TMP_Valeur = Valeur;   // Mémorisation de la nouvelle valeur
64   }
65   delay (200); // Pause de 2/10ème de seconde (200mS)
66 }
```

Figure 3.18-B Croquis du projet N°9 (fin)

- Lignes 27 à 62. Chaque touche actionnée renvoie une valeur différente sur l'entrée ANA0. Nous effectuons donc une série de 9 tests correspondant aux plages de valeurs de chaque touche, puis nous affichons la valeur exacte lue et le numéro de la touche enfoncée. Notez la syntaxe des opérateurs logiques composant les tests. Différent s'écrit ainsi : « != » et voici plus petit que « < », plus grand que « > », le « ET » logique « && ». Il en existe d'autres à étudier sur la documentation du langage consultable sur Internet (en anglais) avec l'option « **Référence** » du menu « **Aide** ». N'hésitez pas à y accéder dès que la syntaxe d'une instruction vous fait défaut.

- Ligne 63. La valeur lue sur l'entrée ANA0 est mémorisée et remplace l'ancienne, dans la variable « TMP_Valeur » afin de s'assurer qu'une nouvelle touche est actionnée et éviter ainsi de surcharger l'écran du terminal avec des données identiques.

- Ligne 65. Une pause de 200 millisecondes joue le rôle d'anti-rebonds avant de retourner au début de la boucle principale.

SYNTAXE DES PARAMÈTRES DE « SERIAL.PRINT »

Attardons-nous sur cette instruction indispensable pour mettre au point un croquis complexe. Nous l'avons utilisée pour connaître les valeurs entrant dans les conditions des tests déterminant les touches. Quand vous la connaîtrez bien, vous ne pourrez plus vous en passer.

- *Serial.print(« Texte à afficher »)*. Affiche simplement le texte sur le terminal, à l'endroit du curseur.
- *Serial.println(« Texte à afficher »)*. Affiche le texte sur le terminal, à l'endroit du curseur et effectue un retour chariot (saut de ligne).
- *Serial.print(Valeur, DEC)*. Affiche la valeur de la variable « Valeur » à l'endroit du curseur au format décimal. Il est possible de passer directement un nombre en paramètre, au lieu d'une variable.
- *Serial.println(Valeur, DEC)*. Comme ci-dessus, mais suivi d'un saut de ligne
- *Serial.print(Valeur, BIN)*. Affiche la valeur de la variable « Valeur » à l'endroit du curseur au format binaire. Il est possible de passer directement un nombre en paramètre, au lieu d'une variable.
- *Serial.println(Valeur, BIN)*. Comme ci-dessus, mais suivi d'un saut de ligne
- *Serial.print(Valeur, HEX)*. Affiche la valeur de la variable « Valeur » à l'endroit du curseur au format hexadécimal. Il est possible de passer directement un nombre en paramètre, au lieu d'une variable.
- *Serial.println(Valeur, HEX)*. Comme ci-dessus, mais suivi d'un saut de ligne
- *Serial.print(« \t »)*. Envoi d'un caractère de tabulation.
- *Serial.print(Nombre décimal, 0)*. N'affiche aucune décimale après la partie entière du nombre. Par exemple : Serial.print(1.23456, 0) affiche : « 1 »
- *Serial.print(Nombre décimal, 1)*. Affiche la première décimale après la partie entière du nombre. Par exemple : Serial.print(1.23456, 0) affiche : "1.2"
- *Serial.print(Nombre décimal, 2)*. Affiche les 2 premières décimales après la partie entière du nombre. Par exemple : Serial.print(1.23456, 0) affiche : "1.23"
- *Serial.print(Nombre décimal, 3)*. ATTENTION ! Le paramètre « 3 » affiche les 2 premières décimales et la 4ème après la partie entière du nombre. Par exemple : Serial.print(1.23456, 0) affiche : "1.235"

A partir du paramètre « 3 » l'affichage saute l'avant dernière décimale, s'il en reste. Faites des tests avec des nombres connus afin de vous assurer de la cohérence de l'affichage par rapport à vos attentes.

Il est évident que vous pouvez toujours ajouter « *ln* » pour obtenir un saut de ligne à la fin de « *Serial.print* ». Pour plus d'informations, consultez la référence citée ci-dessus, mais cette énumération décrit l'essentiel.

EXERCICE

Modifiez l'affichage des données en binaire, en hexadécimal, puis adoptez une mise en page différente.

3.10 – AFFICHAGE LCD ET EMISSION DE 9 NOTES DE MUSIQUE

PRÉSENTATION

L'application précédente montre comment afficher des informations et des données à partir du terminal du logiciel ARDUINO, sur l'écran de l'ordinateur. Cette solution de visualisation s'avère très satisfaisante tant que le module Arduino-UNO reste connecté au poste de travail et notamment pour la mise au point du croquis. Si le projet nécessite une certaine autonomie (robotique, domotique, application extérieure ou embarquée sur un véhicule, etc.) ce mode d'affichage ne convient plus du tout. Néanmoins, beaucoup de projets, quels qu'ils soient, requièrent une visualisation et souvent en temps réel. L'afficheur LCD alphanumérique offre une solution à ce problème, à condition de ne pas traiter de graphiques. La platine de cet afficheur a été décrite au paragraphe 2.3.1.

La présente expérimentation montre comment intégrer ce composant à vos développements. Nous utilisons également le petit clavier à 9 touches vu précédemment pour générer 9 notes de musiques sur un buzzer piezo. La touche actionnée et la note musicale s'affichent en temps réel. Nous en profitons pour vous apprendre à créer et utiliser une procédure personnelle dans un croquis. Le projet se termine par une description de la plupart des instructions d'affichage sur écran LCD.

SCHÉMA DE CÂBLAGE

Pour cette expérimentation alimentée par le cordon USB, suivez le plan de câblage N°7 de la **figure 3.19** et préparez le matériel suivant :
- La platine principale supportant le module Arduino-UNO,
- La platine supportant l'afficheur LCD de 4x20 caractères, embrochée sur la platine principale,

- 1 platine à 9 touches sur une entrée ANA,
- 1 platine à buzzer piezo,
- 2 Cordons à 2 connecteurs à 3 broches femelles.

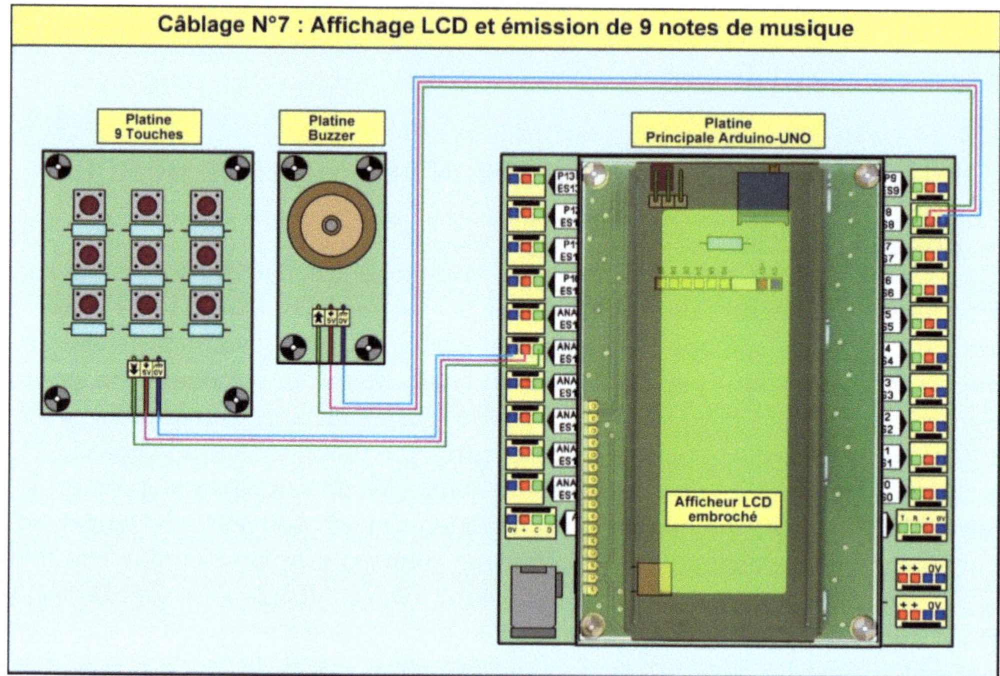

Figure 3.19 Plan de câblage N°7

PROGRAMMATION

Ouvrez le logiciel « ARDUINO » et saisissez ou chargez le croquis « *Projet_10* » représenté sur les **figures 3.20-A et 3.30-B**.

- Ligne 8. Afin de pouvoir programmer l'utilisation d'un afficheur LCD dans un croquis, il convient d'ajouter une librairie comprenant toutes les instructions destinées à ce composant. Comme nous l'avons étudié au début de cet ouvrage, certaines librairies font partie intégrante du logiciel ARDUINO, et sont installées d'origine, avec le logiciel. C'est le cas pour la librairie « *LiquidCrystal.h* ». Plus loin, nous verrons que certaines autres, spécifiques à un composant particulier, nécessite une installation propre, comme nous l'avons évoqué au début.

- Ligne 12. Le buzzer piezo se raccorde sur la sortie digitale 8.

- Ligne 15. Déclaration et initialisation de la variable « TMP_Valeur » à une valeur de 1023. Nous pouvons lui attribuer la valeur maximale lue sur une entrée ANA en 10 bits car son traitement précède toujours l'affichage.

- Ligne 19. Cette instruction, indispensable pour l'utilisation d'un afficheur LCD, initialise le composant et informe le logiciel du nombre de caractères par ligne (16 ou 20) et du nombre de lignes (2 ou 4).

- Ligne 20. Cette instruction efface totalement l'écran LCD et positionne le curseur en haut et à gauche (ligne 0, colonne 0).

- Lignes 22 à 25. Notez avant tout qu'il est possible de placer plusieurs instructions sur une même ligne. Il suffit de ne pas oublier le point virgule (;) pour les séparer, comme il est d'usage en langage ARDUINO » à la fin de chaque ligne de code. La première instruction positionne le curseur (colonne, puis ligne). La seconde affiche un message de texte à partir de la position précédemment définie. Ces quatre lignes déterminent l'affichage invariable pour notre application. La procédure « **setup** » comportant les instructions à n'exécuter qu'une fois à l'initialisation, se termine ainsi.

- Ligne 29. La boucle principale « **loop** » débute par la lecture de la valeur du clavier raccordé sur l'entrée ANA0.

- Ligne 30. Cette valeur est comparée avec celle mémorisée dans la variable « TMP_Valeur ». Si elles diffèrent, cela signifie qu'une touche quelconque a été actionnée récemment. Dans ce cas, il convient d'effectuer une série de 9 tests afin de déterminer laquelle.

- Ligne 31. Voici le premier test, comparant si la valeur lue est inférieure à 2. Si la comparaison est vraie, cela signifie qu'il s'agit de la touche N°1, les instructions des lignes 32 à 35 vont alors s'exécuter.

- Ligne 32. Appel de la procédure de mise à jour de l'affichage en fonction de la valeur lue sur l'entrée ANA0. Il s'agit d'une procédure personnelle utilisée à maintes reprises au sein du programme. Cette manière de programmer évite d'alourdir le croquis par de nombreuses instructions répétitives.

- Lignes 33 et 34. Le curseur d'affichage est positionné à la colonne 9, ligne 2 pour inscrire le numéro de la touche, puis en colonne 7, ligne 3 pour afficher la note de musique jouée.

- Ligne 35. Cette instruction émet une fréquence de 440Hz durant 1 seconde sur le buzzer. Cette fréquence correspond exactement à un « LA » à la 4ème octave.

```
 1 //=================================================================
 2 //===      ARDUINO-UNO EN PRATIQUE   ---   (c) Yves MERGY 2016   ===
 3 //===                      Projet N°10                          ===
 4 //===       AFFICHAGE LCD ET EMISSION DE 9 NOTES DE MUSIQUE      ===
 5 //=================================================================
 6
 7 //----- AJOUT DE LIBRAIRIES ADDITIONNELLES ------------------------
 8 #include <LiquidCrystal.h>  // Librairie pour l'afficheur alphanumérique LCD
 9 //----- CONSTANTES ------------------------------------------------
10 LiquidCrystal lcd(2, 3, 4, 5, 6, 7); // RS=2, RW=GND, EN=3, D4=4, D5=5, D6=6, D7=7
11 int Clavier = A0;   // Clavier à 9 Touches (S1 à S9) sur la broche A0
12 #define Buzzer 8    // BUZZER piezo raccordé sur la ligne d'E/S 8
13 //----- VARIABLES -------------------------------------------------
14 int Valeur = 0;          // Variable de lecture du clavier (touches S1 à S9)
15 int TMP_Valeur = 1023;   // Variable de mémorisation intermédiaire
16 //--------------- PROCEDURE D'INITIALISATION ----------------------
17 void setup() {
18   pinMode(Buzzer, OUTPUT);
19   lcd.begin(20, 4); // 20 caractères sur 4 lignes
20   lcd.clear();      // Effacement total des 4 lignes
21   // Affichage des textes invariables en fonction des valeurs
22   lcd.setCursor(0, 0); lcd.print("APPUYEZ SUR 1 TOUCHE");
23   lcd.setCursor(0, 1); lcd.print("VALEUR SUR A0 : ");
24   lcd.setCursor(0, 2); lcd.print("TOUCHE No");
25   lcd.setCursor(0, 3); lcd.print("NOTE : ");
26 }
27 //--------------- BOUCLE PRINCIPALE -------------------------------
28 void loop() {
29   Valeur = analogRead(Clavier); // Lecture des touches S1 à S9
30   if (Valeur != TMP_Valeur) {    // Si la valeur a changée
31     if (Valeur < 2) {            // Si la valeur est inférieure à 2
32       MISE_A_JOUR();              // Appel de la procédure de mise à jour de la valeur
33       lcd.setCursor(9, 2); lcd.print (" 1     ");      // Affichage du numéro de touche (1)
34       lcd.setCursor(7, 3); lcd.print ("LA OCTAVE 4 "); // Affichage note "LA" octave "4"
35       tone(Buzzer, 440, 1000);
36     }
37     if (Valeur < 517 && Valeur > 511) {            // Si la valeur A0 entre 512 et 516
38       MISE_A_JOUR();                               // Mise à jour de la valeur
39       lcd.setCursor(9, 2); lcd.print (" 2     ");   // Affichage du numéro de touche (2)
40       lcd.setCursor(7, 3); lcd.print ("SI OCTAVE 4 "); // Affichage note "SI" octave "4"
41       tone(Buzzer, 494, 1000);
42     }
43     if (Valeur < 687 && Valeur > 681) {            // Si la valeur A0 entre 682 et 686
44       MISE_A_JOUR();                               // Mise à jour de la valeur
45       lcd.setCursor(9, 2); lcd.print (" 3     ");   // Affichage du numéro de touche (3)
46       lcd.setCursor(7, 3); lcd.print ("DO OCTAVE 5 "); // Affichage note "DO" octave "5"
47       tone(Buzzer, 523, 1000);
48     }
49     if (Valeur < 856 && Valeur > 850) {            // Si la valeur A0 entre 851 et 855
50       MISE_A_JOUR();                               // Mise à jour de la valeur
```

Figure 3.20-A Croquis du projet N°10 (début)

```cpp
51       lcd.setCursor(9, 2); lcd.print (" 4      ");       // Affichage du numéro de touche (4)
52       lcd.setCursor(7, 3); lcd.print ("RE OCTAVE 5 "); // Affichage note "RE" octave "5"
53       tone(Buzzer, 587, 1000);
54     }
55   if (Valeur < 822 && Valeur > 816) {                   // Si la valeur A0 entre 817 et 821
56     MISE_A_JOUR();                                      // Mise à jour de la valeur
57       lcd.setCursor(9, 2); lcd.print (" 5      ");       // Affichage du numéro de touche (5)
58       lcd.setCursor(7, 3); lcd.print ("MI OCTAVE 5 "); // Affichage note "MI" octave "5"
59       tone(Buzzer, 659, 1000);
60     }
61    if (Valeur < 771 && Valeur > 765) {                  // Si la valeur A0 entre 766 et 770
62     MISE_A_JOUR();                                      // Mise à jour de la valeur
63       lcd.setCursor(9, 2); lcd.print (" 6      ");       // Affichage du numéro de touche (6)
64       lcd.setCursor(7, 3); lcd.print ("FA OCTAVE 5 "); // Affichage note "FA" octave "5"
65       tone(Buzzer, 698, 1000);
66     }
67   if (Valeur < 880 && Valeur > 874) {                   // Si la valeur A0 entre 875 et 879
68     MISE_A_JOUR();                                      // Mise à jour de la valeur
69       lcd.setCursor(9, 2); lcd.print (" 7      ");       // Affichage du numéro de touche (7)
70       lcd.setCursor(7, 3); lcd.print ("SOL OCTAVE 5"); // Affichage note "SOL" octave "5"
71       tone(Buzzer, 784, 1000);
72     }
73   if (Valeur < 899 && Valeur > 893) {                   // Si la valeur A0 entre 894 et 898
74     MISE_A_JOUR();                                      // Mise à jour de la valeur
75       lcd.setCursor(9, 2); lcd.print (" 8      ");       // Affichage du numéro de touche (8)
76       lcd.setCursor(7, 3); lcd.print ("LA OCTAVE 5 "); // Affichage note "LA" octave "5"
77       tone(Buzzer, 880, 1000);
78     }
79   if (Valeur < 913 && Valeur > 907) {                   // Si la valeur A0 entre 908 et 912
80     MISE_A_JOUR();                                      // Mise à jour de la valeur
81       lcd.setCursor(9, 2); lcd.print (" 9      ");       // Affichage du numéro de touche (9)
82       lcd.setCursor(7, 3); lcd.print ("SI OCTAVE 5 "); // Affichage note "SI" octave "5"
83       tone(Buzzer, 988, 1000);
84     }
85     TMP_Valeur = Valeur;                                // Mémorisation nouvelle valeur
86   }
87   if (Valeur == 1023) {                                 // Si la valeur de A0 = 1023
88     MISE_A_JOUR();                                      // Mise à jour de la valeur
89     lcd.setCursor(9, 2); lcd.print (" AUCUNE");         // Affichage du numéro de touche (0)
90     lcd.setCursor(7, 3); lcd.print ("SILENCE      ");   // Affichage du "SILENCE"
91     TMP_Valeur = Valeur;    // Mémorisation de la nouvelle valeur
92   }
93   delay (100); // Pause anti-rebonds de 1/10ème de seconde (100mS)
94 }
95
96 //----- PROCEDURE D'EFFACEMENT DE L'ANCIENNE VALEUR ------------------
97 void MISE_A_JOUR() {
98   lcd.setCursor(16, 1); lcd.print ("    ");   // Affichage d'espaces pour effacer
99   lcd.setCursor(16, 1); lcd.print (Valeur);   // Affichage de la nouvelle valeur
100 }
```

- Lignes 37 à 84.Ce sont les 8 autres tests correspondant aux 8 autres touches. Le principe reprend celui de la première touche.

- Ligne 85. La nouvelle valeur lue est mémorisée dans la variable « TMP_Valeur ».

- Ligne 87 à 92. Si la valeur lue est toujours égale à 1023, cela signifie qu'aucune touche n'est actionnée. Dans ce cas, cette situation s'affiche sur l'écran LCD sur les lignes 2 et 3.

- Ligne 93. Une pause de 100mS évite les rebonds des touches.

- Lignes 97 à 100. La procédure « ***MISE_A_JOUR()*** », comprend des instructions connues. Elle se charge d'effacer l'ancienne valeur lue et d'inscrire la nouvelle. Sa programmation s'effectue simplement par le mot clé « ***void ...*** », comme pour « ***setup*** » et « ***loop*** ». Dans le croquis, il suffit de l'appeler par son nom suivi de deux parenthèses « (et) ». Vous pouvez programmer autant de procédures personnelles que vous le souhaitez. Cette manière de programmer, plus professionnelle, évite les « ***goto*** » et les répétitions d'instructions.

FONCTIONS DE LA LIBRAIRIE « LiquidCrystal.h »

Beaucoup de projets utilisent un afficheur LCD et font appel à la librairie spécifique « ***LiquidCrystal.h*** », d'où l'intérêt de prendre connaissance des instructions qui la compose. Afin de comprendre chacune d'elles, nous allons les énumérer sous forme d'exemple.

- ***LiquidCrystal lcd(2, 3, 4, 5, 6, 7)***. Déclare une variable LiquidCrystal appelée « ***lcd*** » sous sa forme la plus simple. L'afficheur est configuré en mode 4 bits avec RS sur la ligne E/S2, EN sur la ligne E/S3, les données D4 à D7 sur les lignes E/S4 à E/S7. Il s'agit du câblage d'origine de notre carte principale. D'autres possibilités existent et permettent de l'adapter à votre projet, consultez la référence citée ci-dessus.

- ***lcd.begin(20, 4)***. Spécifie le nombre de colonnes (20) et de lignes (4).

- ***lcd.print("Arduino-UNO")***. Affiche le texte « Arduino-UNO » à partir de la position courante du curseur.

- ***lcd.print(Valeur)***. Affiche le contenu de la variable « Valeur » à partir de la position courante du curseur.

120

- ***lcd.print(Valeur, DEC)***. Affiche le contenu de la variable « Valeur » au format décimal, à partir de la position courante du curseur. Il existe 4 types de formats : « DEC » pour décimal, « BIN » pour binaire, « HEX » pour hexadécimal et « OCT » pour octal.

- ***lcd.write(data)***. Écrit un caractère sur l'afficheur LCD.

- ***lcd.clear()***. Efface totalement l'écran LCD et positionne le curseur en haut et à gauche (ligne 0, colonne 0).

- ***lcd.display()***. Rallume l'écran LCD, après qu'il ait été éteint avec l'instruction « noDisplay() ». Ceci réactive à l'identique le texte et le curseur de l'affichage tels qu'ils étaient.

- ***lcd.noDisplay()***. Éteint l'écran de l'afficheur LCD, sans perdre le texte affiché (l'afficheur n'est pas mis hors tension, seul l'écran s'éteint).

- ***lcd.home()***. Positionne le curseur dans le coin gauche de l'écran LCD. Le texte s'affichera à partir de cette position. Pour effacer l'écran, utiliser l'instruction « clear() ».

- ***lcd.setCursor(9, 2)***. Positionne le curseur à une localisation précise (colonne = 9, ligne = 2). Définit la prochaine position d'affichage sur l'écran LCD. Colonne débute à 0 jusqu'à 15 ou 19. Ligne débute à 0 jusqu'à 1 ou 3.

- ***lcd.cursor()***. Affiche le curseur sous forme d'un trait bas (_) sous l'emplacement courant, à l'emplacement du prochain caractère.

- ***lcd.noCursor()***. Masque le curseur.

- ***lcd.blink()***. Le curseur clignote à la position courante. En combinaison avec l'instruction « cursor() », le résultat dépend de chaque afficheur.

- ***lcd.noBlink()***. Désactive le clignotement du curseur.

- ***lcd.autoscroll()***. Active le décalage automatique de l'affichage. Décale de 1 position les caractères déjà affichés. Si la direction courante est de gauche à droite (par défaut), l'écran décale vers la gauche ; si la direction courante est droite à gauche, l'afficheur décale vers la droite. Chaque nouveau caractère s'affiche à la même position sur l'afficheur LCD. Le curseur reste fixe : c'est le texte qui se décale.

- ***lcd.noAutoscroll()***. Désactive le décalage automatique du LCD.

- ***lcd.leftToRight()***. Direction d'écriture du texte de gauche à droite (valeur par défaut au démarrage) : les caractères suivants iront de gauche à droite, sans affecter le texte déjà présent.

- ***lcd.rightToLeft()***. Direction d'écriture du texte de droite à gauche : le texte écrit à la suite des caractères déjà affichés ira de droite à gauche, sans affecter le texte déjà présent.
- ***lcd.scrollDisplayLeft()***. Décale le contenu de l'écran (texte et curseur) d'un espace vers la gauche.
- ***lcd.scrollDisplayRight()***. Décale le contenu de l'écran (texte et curseur) d'un espace vers la droite.
- ***Lcd.write(caractère)***. Envoie un caractère à l'afficheur.
- ***createChar(numero, tableau)***. Création d'un caractère personnalisé. Jusqu'à 8 caractères sont supportés (de 0 à 7).

EXERCICE

Essayez de simplifiez le code par l'ajout d'autres procédures personnalisées. Imaginez à l'avance, puis observez ce qui se passe si vous remplacez le clavier à 9 touches par une platine à potentiomètre, ou par une touche.

3.11 - TÉLÉMÈTRE ULTRASONIQUE SUR ECRAN LCD

PRÉSENTATION

Voici une nouvelle expérimentation mettant à profit l'afficheur LCD alphanumérique, il s'agit d'un télémètre ultrasonique. Vous connaissez certainement cet instrument destiné à mesurer la distance séparant un observateur d'un point éloigné par divers procédés (ultrasoniques, optiques, acoustiques, radioélectriques, etc.). De nombreuses corporations de métiers l'emploient ; notamment les photographes, les géomètres, les géographes, mais également l'armée et l'aviation. De nos jours, beaucoup de gens se servent d'un modèle simple pour remplacer avantageusement le traditionnel mètre à ruban

Nous utilisons un capteur à ultrasons : le SRF05, modèle économique et très courant. Il mesure des distances comprises entre 2 à 3 cm et plusieurs mètres avec une très bonne précision. Ce module peut fonctionner selon 2 modes, comme précisé au paragraphe 2.4.8 se rapportant à l'étude de ce capteur. Sur notre projet, le cavalier sélectionne le mode à un fil. Veillez à bien le positionner. Afin de donner à cette expérimentation un aspect ludique, un buzzer piezo émet une sonorité de fréquence proportionnelle à la distance mesurée ; uniquement lorsque la touche est actionnée. Nous avons préféré cette option, plutôt qu'un son permanent, afin de préserver les nerfs de votre entourage. Pour une meilleure précision de la mesure, il suffit d'ajouter un petit pointeur laser du commerce indiquant l'endroit à mesurer, comme sur les appareils sophistiqués.

SCHÉMA DE CÂBLAGE

Pour cette expérimentation alimentée par le cordon USB, suivez le plan de câblage N°8 de la **figure 3.21** et préparez le matériel suivant :

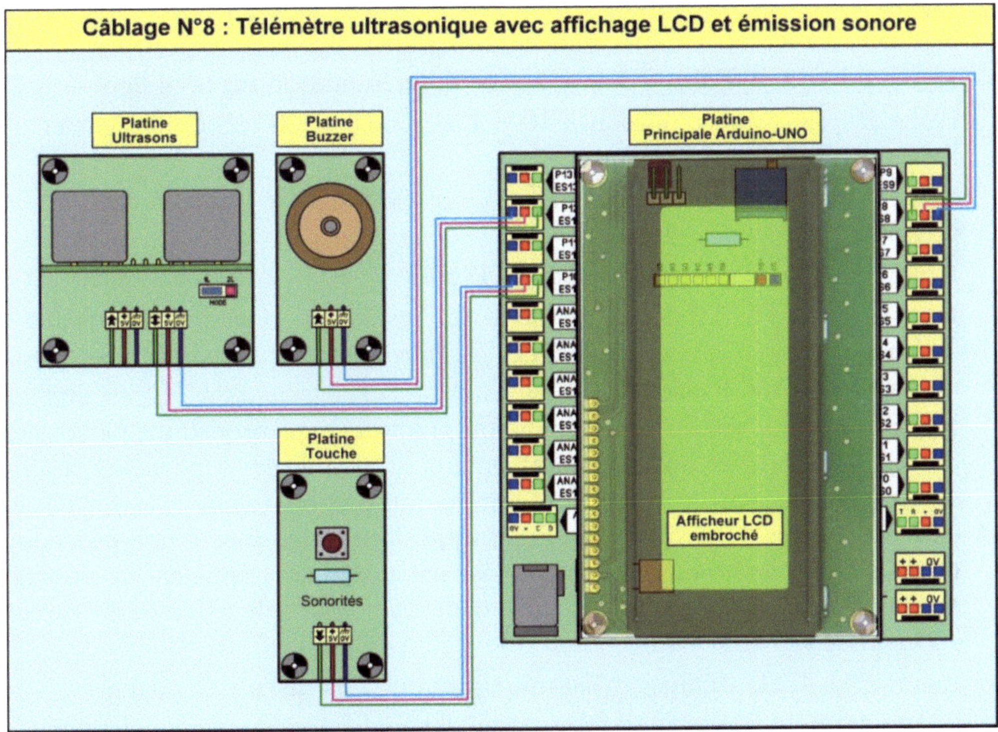

Figure 3.21 Plan de câblage N°8

- La platine principale supportant le module Arduino-UNO,
- La platine supportant l'afficheur LCD de 4x20 caractères, embrochée sur la platine principale,
- 1 platine à 1 touche,
- 1 platine à buzzer piezo,
- 1 platine à capteur ultrasonique SRF05,

- 3 Cordons à 2 connecteurs à 3 broches femelles.

PROGRAMMATION

Ouvrez le logiciel « ARDUINO » et saisissez ou chargez le croquis « *Projet_11* » représenté sur les **figures 3.22-A et 3.22-B**.

- Ligne 8 à 16. Déclarations de la librairie additionnelle, des constantes et des variables.

- Lignes 22 et 23. Initialisation de l'afficheur à 4 lignes de 20 caractères et effacement total.

- Lignes 25 à 28. Affichage d'un message de présentation sur les 4 lignes.

- Ligne 29. Émission d'un son à 1000 Hz pendant 500 mS pour signaler que l'appareil est prêt à fonctionner.

- Ligne 30. Pause de 3 secondes (3000 mS) pour lire le message de présentation.

- Ligne 31. Nouvel effacement total de l'écran.

- Lignes 33 et 34. Affichage de texte sur les lignes 1 et 3 pour inscrire la distance mesurée. Avec ces lignes se termine la procédure « *setup* » à n'exécuter qu'une seule fois.

- Ligne 38. Nous savons maintenant programmer une procédure personnelle chargée d'accomplir un ensemble d'instructions utilisées à plusieurs reprises dans le croquis. Si la procédure doit retourner une valeur à la fin de son exécution, pour le déroulement du croquis, il ne s'agit plus d'une procédure, mais d'une fonction. Nous voyons ici comment appeler la fonction « *Mesure* » qui, après traitement, mémorise une valeur dans la variable « *Distance* ».

- Lignes 39 à 42. L'affichage n'est mis à jour que si la distance a changé.

- Lignes 43 et 44. Dans ce cas et si la touche est actionnée, Le buzzer émet un son proportionnel à la distance mesurée. Notez le mode de calcul de la fréquence en fonction de la variable « *Distance* ». La boucle principale « *loop* » se termine ainsi et recommence à son début.

```
1  //========================================================================
2  //===     ARDUINO-UNO EN PRATIQUE    ---    (c) Yves MERGY 2016     ===
3  //===                         Projet N°11                          ===
4  //===       TELEMETRE ULTRASONIQUE AVEC AFFICHEUR LCD 4x20         ===
5  //========================================================================
6
7  //----- AJOUT DE LIBRAIRIES ADDITIONNELLES -----------------------
8  #include <LiquidCrystal.h>  // Librairie pour l'afficheur alphanumérique LCD
9  //----- CONSTANTES ------------------------------------------------
10 LiquidCrystal lcd(2, 3, 4, 5, 6, 7); // RS=2, RW=GND, EN=3, D4=4, D5=5, D6=6, D7=7
11 #define Buzzer 8    // BUZZER piezo raccordé sur la ligne d'E/S 8
12 #define SRF05 12    // Entrée Trigger et sortie Echo du SRF05 sur la ligne d'E/S 12
13 #define Touche 10   // TOUCHE raccordée à la ligne d'E/S 10
14 //----- VARIABLES -------------------------------------------------
15   int TMP_Distance = 0;
16   int Etat = 0;           // Etat logique de la TOUCHE
17
18 //--------------- PROCEDURE D'INITIALISATION ---------------------
19 void setup() {
20   pinMode(Buzzer, OUTPUT);
21   pinMode(Touche, INPUT); // Ligne de la TOUCHE en entrée
22   lcd.begin(20, 4); // 20 caractères sur 4 lignes
23   lcd.clear();        // Effacement
24   // Message de présentation sur 4 lignes durant 3 secondes
25   lcd.setCursor(0, 0); lcd.print("      TELEMETRE");
26   lcd.setCursor(0, 1); lcd.print("ULTRASONIQUE A SRF05");
27   lcd.setCursor(0, 2); lcd.print(" SUR AFFICHEUR LCD");
28   lcd.setCursor(0, 3); lcd.print("DE  4x20 CARACTETRES");
29   tone(Buzzer, 1000, 500);
30   delay (3000);
31   lcd.clear();        // Effacement
32   // Affichage des textes invariables en fonction des valeurs
33   lcd.setCursor(2, 1); lcd.print("DISTANCE EN CM :");
34   lcd.setCursor(8, 3); lcd.print("1023 ");
35 }
36 //--------------- BOUCLE PRINCIPALE -----------------------------
37 void loop(){
38   int Distance = Mesure(); // Appel fonction "Mesure", résultat dans "Distance"
39   if (Distance != TMP_Distance){  // Si la distance a changée
40     lcd.setCursor(8, 3); lcd.print("    "); // Effacement de l'ancienne valeur
41     lcd.setCursor(8, 3); lcd.print(Distance); // Affichage nouvelle distance
42     Etat = digitalRead(Touche);  // Lecture de l'état de la TOUCHE
43     if (Etat == LOW) {          // Si elle est actionnée ...
44       tone(Buzzer, (Distance*3)+500, 100); // Sonorité fonction de la distance
45     }
46   }
47 }
48
```

Figure 3.22-A   Croquis du projet N°11 (début)

```
49 //##################### FONCTION PERSONNELLE #############################
50
51 //============ FONCTION DE MESURE ====================================
52 int Mesure(){  // Nom et déclaration de la fonction
53   pinMode(SRF05, OUTPUT);     // Ligne du SRF05 en sortie
54   digitalWrite(SRF05, LOW);   // Forcée au 0 logique (masse)
55   delayMicroseconds(2);       // Durant 2 mS
56   digitalWrite(SRF05, HIGH);  // Forcée au 1 logique (+5V)
57   delayMicroseconds(10);      // Durant 10 mS (impulsion haute)
58   digitalWrite(SRF05, LOW);   // Remise au repos au 0 logique
59   pinMode(SRF05, INPUT);      // Ligne du SRF05 en entrée
60   int Temps = pulseIn(SRF05, HIGH); // Lecture impulsion reçue en microsecondes.
61   delay(50); // 50 ms avant le prochain signal de déclenchement.
62   int Longueur = Temps / 58; // Division par 58 pour avoir une distance en cm.
63   return(Longueur);          // Retour de la valeur de la mesure
64 }
65
```

Figure 3.22-B Croquis du projet N°11 (fin)

- Lignes 52 à 63. Déclaration et constitution de la fonction « **Mesure** ». La ligne d'E/S gérant le capteur SRF05 est d'abord configurée en sortie afin d'envoyer l'impulsion d'horloge. Elle passe ensuite en entrée pour mémoriser la durée de l'écho dans la variable « **Temps** » au moyen de l'instruction « **pulsIn(…)** » (ligne 60). La pause de 50 mS laisse le temps d'effectuer les actions (ligne 61). La ligne 62 convertit le temps d'écho en distance en centimètres. Il suffit de diviser le Temps par 58 et de mémoriser cette distance dans la variable « **Longueur** ». La fonction retourne une valeur pour le reste du croquis, c'est le rôle de l'instruction « **return** » à la ligne 63.

EXERCICE

Modifiez le code afin d'ajouter, sur l'affichage, une ligne indiquant la fréquence sonore émise. La distance doit prendre place sur les lignes 0 et 1, la fréquence sur la ligne 3, la 2 restant vierge.

3.12 – VUMÈTRE GRAPHIQUE SUR ÉCRAN TFT COULEURS

L'ÉCRAN TFT COULEURS GRAPHIQUE DE 1,77 POUCES

Précédemment, nous avons étudié la manière de gérer un afficheur LCD alphanumérique avec le module Arduino-UNO. Ce mode de visualisation s'avère très efficace, simple à programmer et très utile pour de nombreux projets.

126

Par contre, s'il s'agit d'afficher des graphiques colorés, il convient de faire appel à un autre type d'écran : l'afficheur TFT en couleurs de 1,77 pouce (soit environ 45mm.), décrit au paragraphe 2.3.2. Il offre une résolution de 160 pixels en X et 128 pixels en Y. Les couleurs s'affichent théoriquement sur 18 bits, soit 262,144 teintes ! Dans la pratique, nous adressons 8 bits pour chaque couleur de 0 à 255 en décimal, ou de 00 à FF en hexadécimal. Les coordonnées débutent en haut et à gauche par 0 comme le montre la **figure 3.23.** Il est possible d'afficher du texte selon 5 tailles différentes. La première produit des symboles de 5 x 7 pixels plus un pixel d'espacement en largeur et en hauteur. Pour les quatre tailles suivantes, il suffit de multiplier la largeur et la hauteur par 2 à chaque fois comme l'illustre la **figure 3.24,** avec la lettre « S » prise arbitrairement comme exemple.

- Avec la taille N°1 vous disposez de 26 caractères par ligne.
- Avec la taille N°2 vous disposez de 13 caractères par ligne.
- Avec la taille N°3 vous disposez de 9 caractères par ligne.
- Avec la taille N°4 vous disposez de 6 caractères par ligne.
- Avec la taille N°5 vous ne disposez plus que de 5 caractères par ligne.

Notez que plus la taille augmente, plus la forme des caractères est inesthétique car le dessin reste le même quelle que soit la dimension. Les caractères et les formes dessinées prennent leur origine de diverses manières, très logiques, voyez la **figure 3.25**.

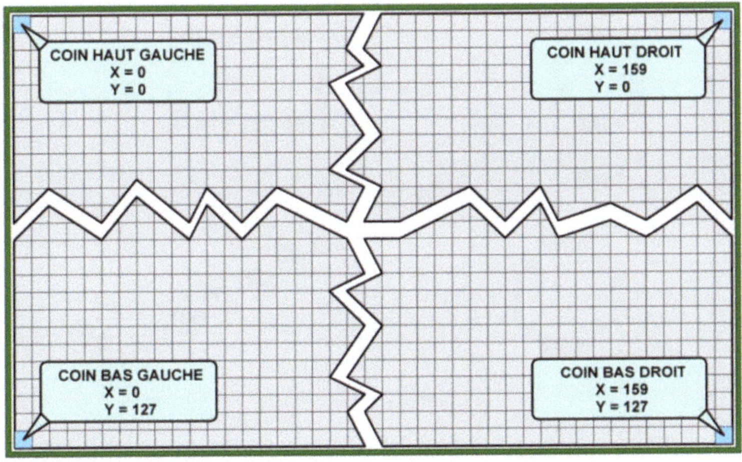

Figure 3.23 Coordonnées de l'écran TFT couleurs

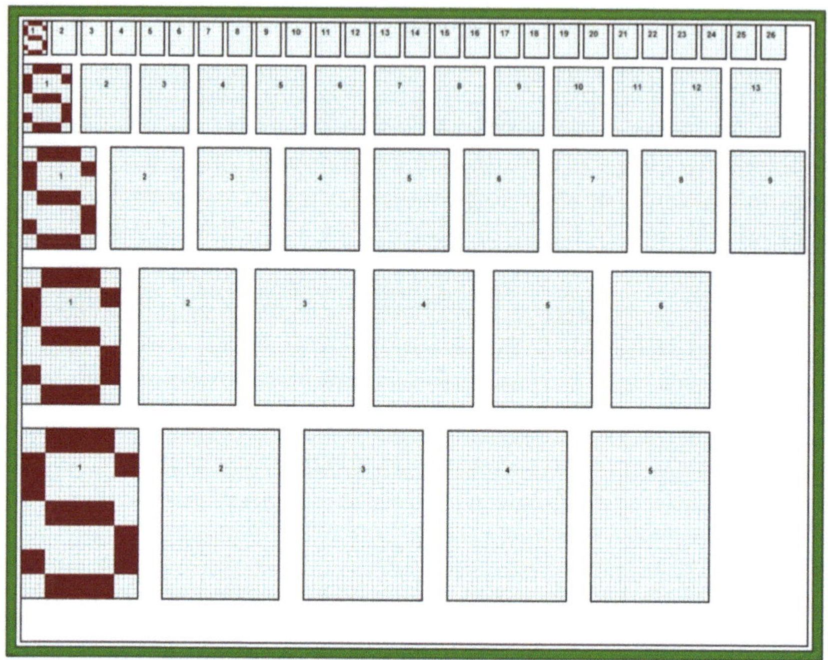

Figure 3.24 Polices de caractères de l'écran TFT couleurs

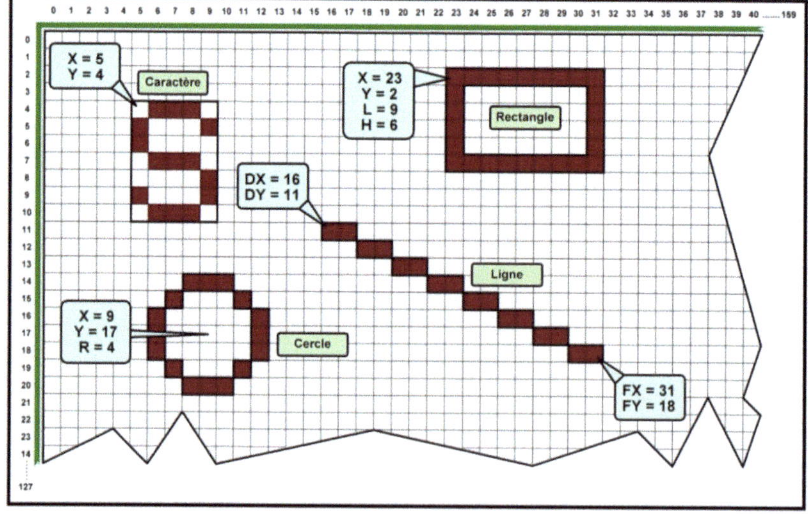

Figure 3.25 Formes géométriques sur l'écran TFT couleurs

Cet écran comporte également un support de carte mémoire au format « MicroSD ». La carte mémoire, de petite capacité (2Go ou 4Go suffisent), doit préalablement subir un formatage de type « Fat 32 » (le plus courant) à partir de n'importe quel ordinateur. Elle peut servir à stocker des images, des données, etc. mais nous n'en ferons pas usage dans cet ouvrage.

FONCTIONS DE LA LIBRAIRIE « TFT.h »

Avant tout, il convient d'installer la dernière version du logiciel ARDUINO afin de bénéficier également de la plus récente librairie « TFT » à partir du lien suivant : https://www.arduino.cc/en/Main/Software . La librairie « TFT » fait partie de l'archive d'origine du logiciel ARDUINO.

Sans cette librairie, il serait bien délicat d'afficher à l'endroit voulu le caractère de la bonne taille, le point de la couleur précise, ou la forme pleine ou vide, etc. Elle intègre toutes les fonctions nécessaires pour effectuer ces tâches de la manière la plus simple possible. Certaines d'entre elles ne sont pas utilisées dans cet ouvrage, mais il ne tient qu'à vous de les expérimenter. Comme précédemment, nous les énumérons avec une ligne d'information.

- *TFT*. Créé une instance de l'écran pour son utilisation dans le croquis (ici, nous l'avons nommée « ECRAN »).
- *EsploraTFT*. Nom de l'instance pour une carte Esplora (inutile pour nous).
- *begin()*. Initialisation obligatoire avant toute instruction relative à l'écran.
- *background(rouge, vert, bleu)*. Efface l'écran et lui donne une couleur précise.
- *stroke(rouge, vert, bleu)*. Appelée avant de dessiner ou d'écrire à l'écran, détermine la couleur du texte ou du bord.
- *noStroke()*. Après cette instruction, les formes n'ont plus de contour.
- *fill(rouge, vert, bleu)*. Appelée avant de dessiner une forme, détermine la couleur de remplissage.
- *noFill()*. Après cette instruction, les formes ne sont plus remplies.
- *text()*. Écrit un texte à l'écran aux coordonnées précisées.
- *setTextSize(taille)*. Détermine la taille des caractères entre 1 et 5.
- *point(X,Y)*. Dessine un point aux coordonnées précisées.
- *line(Xdébut,Ydébut,Xfin,Yfin)*. Dessine une ligne à l'écran.
- *rect(Xdébut,Ydébut,Largeur,Hauteur)*. Dessine un rectangle à l'écran.

- *width()*. Retourne la largeur de l'écran.
- *height()*. Retourne la hauteur de l'écran.
- *circle(Xcentre,Ycentre,Rayon)*. Dessine un cercle à l'écran.
- *image(Image,Xdédut,Ydébut)*. Affiche une image aux coordonnées précisées, depuis la carte MicroSD.
- *loadImage(Nom de l'image)*. Charge une image depuis la carte Micro SD.
- *PImage*. Classe de base pour afficher une image (librairie «SD.h» nécessaire).
- *PImage.height()*. Retourne la hauteur de l'objet PImage.
- *PImage.width()*. Retourne la largeur de l'objet PImage.
- *PImage.isValid()*. Teste si le nom indiqué de l'objet PImage est valide.

PRÉSENTATION

Cette expérimentation vous propose de réaliser un vumètre graphique sur l'écran TFT. Un capteur sonore transmet le niveau à l'entrée ANA0 de l'Arduino-UNO. Après analyse et traitement, celui-ci s'affiche numériquement en haut et à gauche de l'écran ; simultanément, des barres verticales apparaissent dont la hauteur et la couleur est fonction du niveau sonore.

SCHÉMA DE CÂBLAGE

Pour cette expérimentation alimentée par le cordon USB, suivez le plan de câblage N°9 de la **figure 3.26** et préparez le matériel suivant :
- La platine principale supportant le module Arduino-UNO,
- L'écran TFT couleurs de 1,77 pouce, embroché sur la platine principale,
- 1 Platine supportant le capteur sonore,
- 1 Cordon à 2 connecteurs à 3 broches femelles.

PROGRAMMATION

Ouvrez le logiciel « ARDUINO » et saisissez ou chargez le croquis « *Projet_12* » représenté sur les **figures 3.27-A et 3.27-B**.
- Lignes 8 et 9. Déclarations des librairies additionnelles « SPI » pour la gestion du protocole de communication du même nom et « TFT » pour l'afficheur graphique couleurs TFT.
- Lignes 11 à 15. Attribution des broches de l'écran au module Arduino-UNO. Sur celui-ci, seules les lignes « CS », « D/C » et « RST » doivent être attribuées, les autres « MOSI » et « SCLK » étant définies par le fabricant en

11 et 13. L'entrée analogique A0 se charge d'analyser le capteur sonore (ligne 14). Création de l'instance (objet) « ECRAN » avec ses broches de commande (ligne 15).

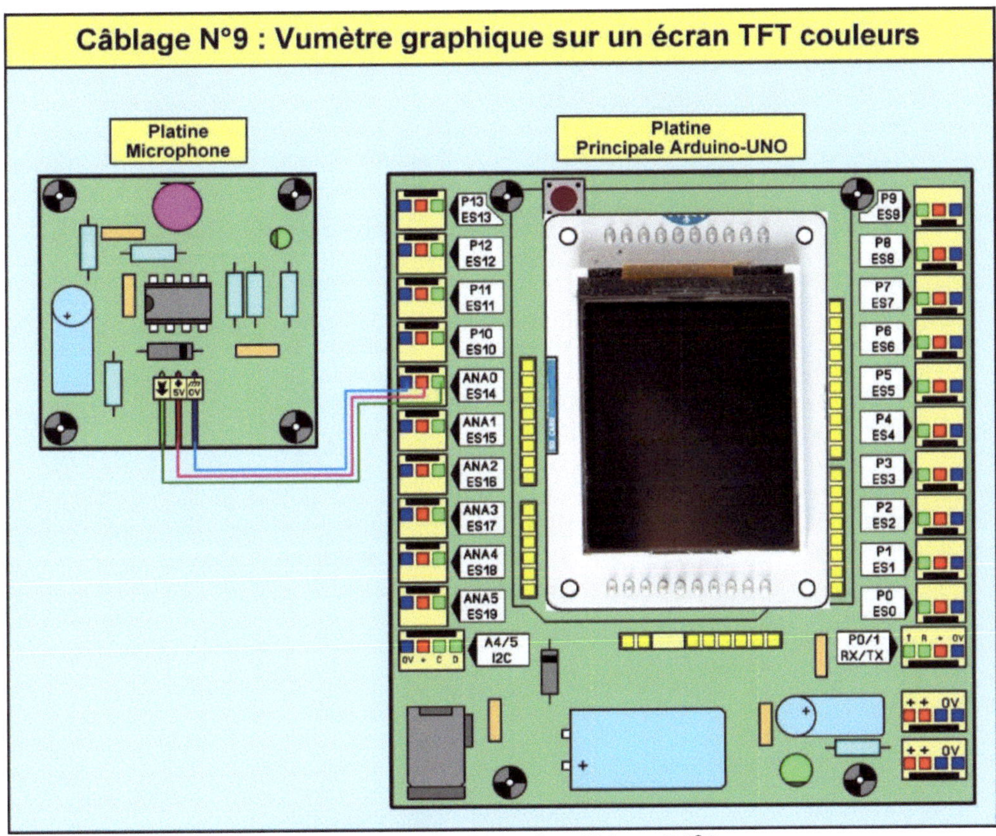

Figure 3.26 Plan de câblage N°9

- Ligne 17. La variable « CPT » constitue un compteur de temps destiné à afficher une barre verticale de niveau toutes les 20 mS.
- Ligne 19. Notez la manière de créer un tableau de valeurs. Dans le cas présent, il s'agit d'un tableau de type chaîne de caractères de 5 cases indexées de 0 à 4.

```
 1 //======================================================================
 2 //===        ARDUINO-UNO EN PRATIQUE   ---   (c) Yves MERGY 2016    ===
 3 //===                         Projet N°12                          ===
 4 //===      Vumètre sonore à base d'un microphone                   ===
 5 //===      Affichage graphique en couleurs sur un écran TFT        ===
 6 //======================================================================
 7 //----- AJOUT DE LIBRAIRIES ADDITIONNELLES ----------------------------
 8 #include <SPI.h>    // Librairie de communication SPI
 9 #include <TFT.h>    // Librairie de l'écran couleur TFT
10 //----- CONSTANTES ----------------------------------------------------
11 #define cs   10       // Fonction CS de l'ECRAN sur la ligne P10
12 #define dc    9       // Fonction DC de l'ECRAN sur la ligne P9
13 #define rst   8       // Fonction RST de l'ECRAN sur la ligne P8
14 int SON = A0;         // Capteur sonore sur A0
15 TFT ECRAN = TFT(cs, dc, rst);   // Création d'un objet ECRAN
16 //----- VARIABLES -----------------------------------------------------
17 int CPT = 0;          // Variable du compteur de temps et de pas
18 int NIVEAU = 0;       // Variable du niveau sonore
19 char TEXTE[5];        // Tableau de 6 variables texte pour l'affichage
20 //--------------- PROCEDURE D'INITIALISATION ---------------------
21 void setup(void) {
22   ECRAN.begin();                 // Initialisation de l'écran TFT
23   ECRAN.background(0,0,0);       // Effacement de l'écran en NOIR
24   PRESENTATION();                // Appel de l'écran de présentation
25   CYAN();                        // Contour bleu ciel (CYAN)
26   ECRAN.setTextSize(1);          // Prochain texte de taille 1
27   ECRAN.text("NIVEAU:",2,5);     // Affichage du texte invariable
28   ECRAN.text("00",10,17);        // Et du niveau de départ
29 }
30 //--------------- BOUCLE PRINCIPALE ------------------------------
31 void loop() {
32   NIVEAU = analogRead(SON);            // Lecture du niveau sonore
33   NIVEAU = map(NIVEAU,0,1023,0,130);   // Conversion de 0 à 1023 en 0 à 130
34   if(NIVEAU >= 94){NIVEAU = 94;}       // Butée de niveau maxi à 94
35 // ------------- Effacement partiel, si le compteur atteint 39
36   if(CPT >= 39 ) {
37     NOIR(); ECRAN.fill(0,0,0);         // Contour et remplissage en NOIR
38     ECRAN.rect(0,20,159,120);   // ... remplacement par un rectangle noir.
39     CPT = 0;                     // Remise à 0 du compteur
40   }
41 // ------------- Ecrire la nouvelle valeur
42   NOIR(); ECRAN.fill(0,0,0);     // Contour et remplissage en NOIR
43   ECRAN.rect(1,15,25,10);        // Effacement de l'ancienne valeur
44   CYAN();                        // Contour cyan (bleu clair)
45   String(NIVEAU).toCharArray(TEXTE,5); // Conversion niveau sonore en texte
46   ECRAN.setTextSize(1);                // Prochain texte de taille 1
47   ECRAN.text(TEXTE,10,17);             // Et affichage de la nouvelle valeur
48 // ------------- Mise à jour du nouvel affichage
49   ++CPT; delay(20);              // Incrémentation compteur et pause de 20 mS
50   if(NIVEAU == 0 ) {                   // Si le niveau est égal à 0
```

Figure 3.27-A Croquis du projet N°12 (début)

```
51      BLANC(); ECRAN.fill(255,255,255);    // Contour et remplissage BLANC
52    }
53    if(NIVEAU > 0 && NIVEAU < 35 ) {        // Si le niveau est entre 1 et 34
54      VERT(); ECRAN.fill(0,255,0);         // Contour et remplissage en VERT
55    }
56    if(NIVEAU > 34 && NIVEAU < 65 ) {       // Si le niveau est entre 35 et 64
57      JAUNE(); ECRAN.fill(255,255,0);      // Contour et remplissage en JAUNE
58    }
59    if(NIVEAU > 64 ) {                      // Si le niveau est supérieur à 64
60      ROUGE(); ECRAN.fill(255,0,0);        // Contour et remplissage en ROUGE
61    }
62      ECRAN.rect(CPT*4, 120-NIVEAU, 2, NIVEAU);   // Traçage du nouveau rectangle
63 }
64
65 //#################### PROCEDURES PERSONNELLES ###############################
66
67 //=========== PROCEDURE D'AFFICHAGE DE LA PRESENTATION ======================
68 void PRESENTATION() {
69    ECRAN.background(0,0,0);     //Effacement de l'écran en NOIR
70    ECRAN.fill(255,255,0);       // Option de remplissage JAUNE
71    ECRAN.rect(2,3,156,120);     // Rectangle plein de X=156 et Y=120 à X=2 et Y=3
72    ECRAN.noFill();              // Fin de l'option de remplissage
73    BLEU();                      // Couleur de traçage BLEU
74    ECRAN.rect(4,5,152,116);     // Rectangle vide de X=152 et Y=116 à X=4 et Y=5
75    ECRAN.setTextSize(2);        // Prochain texte de taille 2
76    ECRAN.text("PROJET  No11",10,15); // Texte aux coordonnées X=10 et Y=15
77    ECRAN.text("  VUMETRE",10,33);    // Texte aux coordonnées X=10 et Y=33
78    ECRAN.text(" GRAPHIQUE",10,56);   // Texte aux coordonnées X=10 et Y=56
79    ECRAN.text("    SUR",10,79);      // Texte aux coordonnées X=10 et Y=79
80    ECRAN.text("ARDUINO-UNO",10,97);  // Texte aux coordonnées X=10 et Y=97
81    delay(3000);                      // Délai d'affichage : 3 secondes
82    ECRAN.background(0,0,0);          // Effacement de l'écran en NOIR
83 }
84 //=========== PROCEDURE DU CONTOUR NOIR =====================================
85 void NOIR() {ECRAN.stroke(0,0,0);}
86 //=========== PROCEDURE DU CONTOUR ROUGE ====================================
87 void ROUGE() {ECRAN.stroke(255,0,0);}
88 //=========== PROCEDURE DU CONTOUR VERT =====================================
89 void VERT() {ECRAN.stroke(0,255,0);}
90 //=========== PROCEDURE DU CONTOUR BLEU =====================================
91 void BLEU() {ECRAN.stroke(0,0,255);}
92 //=========== PROCEDURE DU CONTOUR JAUNE ====================================
93 void JAUNE() {ECRAN.stroke(255,255,0);}
94 //=========== PROCEDURE DU CONTOUR CYAN =====================================
95 void CYAN() {ECRAN.stroke(0,255,255);}
96 //=========== PROCEDURE DU CONTOUR MAGENTA ==================================
97 void MAGENTA() {ECRAN.stroke(255,0,255);}
98 //=========== PROCEDURE DU CONTOUR BLANC ====================================
99 void BLANC() {ECRAN.stroke(255,255,255);}
100
```

Figure 3.27-B Croquis du projet N°12 (fin)

- Lignes 22 à 28. La procédure « ***setup*** » initialise l'écran TFT, l'efface avec la couleur noire, appelle la procédure personnelle de présentation, détermine la couleur bleu ciel (cyan) pour le texte, sélectionne la plus petite taille de police de caractères et enfin, affiche le texte de visualisation de la valeur de niveau sur deux lignes, à partir d'un endroit précis.

- Lignes 32 et 33. La boucle principale « ***loop*** » débute par la lecture et adaptation du niveau sonore, en une plage conforme pour l'affichage.

- Ligne 34. Définition de la butée maximale en Y à ne pas dépasser.

- Lignes 36 à 39. Si le compteur de temps « CPT » a atteint sa valeur maximale (39), l'écran est effacé par un rectangle noir, et le compteur est initialisé à 0.

- Lignes 42 à 47. L'ancienne valeur de niveau est effacée par le traçage d'un rectangle noir plein en haut et à gauche de l'écran, la nouvelle valeur numérique est convertie en chaîne de caractères (ligne 45), puis affichée à la place de l'ancienne.

- Ligne 49. Le compteur est incrémenté toutes les 20 millisecondes.

- Lignes 50 à 60. Quatre tests déterminent la couleur de la future barre verticale, en fonction du niveau sonore.

- Ligne 62. L'instruction « ***rect()*** » trace la barre verticale en utilisant comme paramètres le niveau et le compteur. Analysez bien cette ligne pour comprendre le principe du dessin des barres.

- Lignes 68 à 82. Il s'agit de la procédure personnelle d'affichage de l'écran de présentation. Les commentaires permettent de comprendre le rôle de chaque ligne.

- Lignes84 à 99. Ces huit procédures personnelles déterminent la couleur des contours ou des textes en utilisant des noms de couleurs très explicites.

EXERCICE

Notre vumètre travaille avec un capteur sonore, mais essayez de remplacer ce dernier par un potentiomètre. Modifiez le code afin d'ajouter plus de couleurs en fonction du niveau, puis dessinez des barres plus larges.

3.13 – THERMOMÈTRE GRAPHIQUE SUR ÉCRAN TFT COULEURS

PRÉSENTATION

Nous allons maintenant programmer une réelle application graphique sur l'écran TFT couleurs. Il s'agit d'un thermomètre de précision affichant une barre verticale graduée à l'instar des thermomètres à alcool rouge que nous connaissons tous. Le niveau évolue graphiquement en regard des graduations. De plus, la température s'inscrit de manière digitale en degrés Celsius et Fahrenheit.

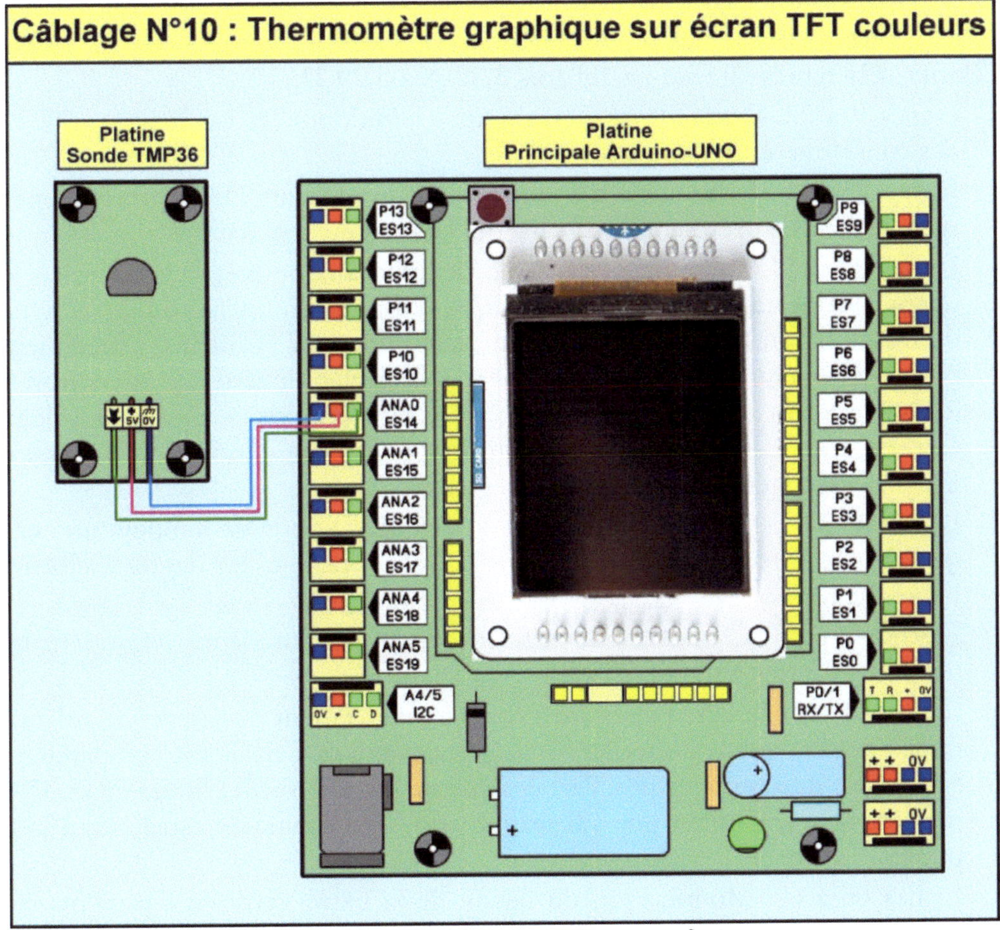

Figure 3.28   Plan de câblage N°10

__SCHÉMA DE CÂBLAGE__

Pour cette expérimentation alimentée par le cordon USB, suivez le plan de câblage N°10 de la **figure 3.28** et préparez le matériel suivant :

- La platine principale supportant le module Arduino-UNO,
- L'écran TFT couleurs de 1,77 pouce, embroché sur la platine principale,
- 1 Platine sonde de température TMP36,
- 1 Cordon à 2 connecteurs à 3 broches femelles.

__PROGRAMMATION__

Ouvrez le logiciel « ARDUINO » et saisissez ou chargez le croquis « ***Projet_13*** » représenté sur les **figures 3.29-A à 3.29-D**.

- Lignes 9 à 22. Déclarations des librairies additionnelles « SPI » et « TFT », des constantes et des variables.

- Lignes 25 à 28. La procédure « ***setup*** » initialise l'écran TFT, l'efface, appelle la procédure de présentation et celle des dessins invariables.

- Lignes 32 à 34. La boucle principale débute par une méthode de calcul de temps sans perte. La fonction « ***millis()*** » retourne, en millisecondes, le temps d'exécution du croquis actuel en mémoire. La variable s'incrémente progressivement et lorsqu'elle est pleine, elle revient à zéro (après environ 50 jours !). Le test suivant permet de savoir s'il s'est écoulé plus d'une demie seconde en effectuant une simple soustraction avec la dernière mémorisation. Dans ce cas, l'heure actuelle est sauvegardée.

- Lignes 35 à 41. L'entrée ANA0 lit la valeur de la sonde de température et le programme effectue les calculs pour convertir celle-ci en degrés Celsius et Fahrenheit.

- Lignes 42 à 45. Ces instructions fixent les limites inférieures et supérieures des températures à traiter.

- Lignes 48 à 58. Si la température a changé : effacement de l'ancienne valeur et remplacement par la nouvelle. Seule la température Celsius est comparée, car si l'une est différente, l'autre l'est également. Notez (sur les lignes 55 et 57) la manière de transformer une valeur numérique en chaîne de caractères afin de pouvoir l'afficher.

- Lignes 60 à 67. Modification du dessin de la barre verticale représentant la colonne d'alcool, en fonction de la température.

```
 1 //==================================================================
 2 //===      ARDUINO-UNO EN PRATIQUE   ---   (c) Yves MERGY 2016   ===
 3 //===                         Projet N°13                       ===
 4 //===    Thermomètre à base d'une sonde TMP36                    ===
 5 //===    Affichage graphique en couleurs sur un écran TFT        ===
 6 //==================================================================
 7
 8 //----- AJOUT DE LIBRAIRIES ADDITIONNELLES ------------------------
 9 #include <SPI.h>    // Librairie de communication SPI
10 #include <TFT.h>    // Librairie de l'écran couleur TFT
11 //----- CONSTANTES ------------------------------------------------
12 #define cs   10     // Fonction CS de l'ECRAN sur la ligne P10
13 #define dc    9     // Fonction DC de l'ECRAN sur la ligne P9
14 #define rst   8     // Fonction RST de l'ECRAN sur la ligne P8
15 int TMP36 = A0;     // Sonde de température TMP36 sur A0
16 TFT ECRAN = TFT(cs, dc, rst);  // Création d'un objet ECRAN
17 //----- VARIABLES -------------------------------------------------
18 int TEMP_C = 0;         // Variable de lecture de la TEMPERATURE C.
19 int TEMP_F = 0;         // Variable de lecture de la TEMPERATURE F.
20 int MemTemperature=0;       // Variable de mémorisation de TEMPERATURE
21 long HeurePrecedente = 0; // Variable de calcul de l'heure précédente
22 char TEXTE[5];          // Tableau de 6 variables texte
23 //--------------- PROCEDURE D'INITIALISATION ----------------------
24 void setup(void) {
25   ECRAN.begin();             // Initialisation de l'écran TFT
26   ECRAN.background(0,0,0);   // Effacement de l'écran en NOIR
27   PRESENTATION();            // Ecran de présentation
28   FOND_ECRAN();              // Dessin invariable des décors du fond
29 }
30 //--------------- BOUCLE PRINCIPALE -------------------------------
31 void loop() {
32   unsigned long HeureActuelle = millis();  // Temps de fonctionnement
33   if(HeureActuelle - HeurePrecedente > 500) {  // Calcul 1/2 seconde ...
34     HeurePrecedente = HeureActuelle;              // Sans perte
35     int LECTURE = analogRead(TMP36); // Lecture sonde TMP36
36     float TENSION = LECTURE * 5.0;   // Conversion en tension sur 5V
37     TENSION /= 1024.0;               // Tension = Tension / 1024.0
38     float Celsius = (TENSION - 0.5) * 100 ;         // Conversion en C.
39     float Fahrenheit = (Celsius * 9.0 / 5.0) + 32.0;  // Conversion en F.
40     TEMP_C = Celsius;        // Mémorisation de la température Celsius
41     TEMP_F = Fahrenheit;     // Mémorisation de la température Fahrenheit
42     if( TEMP_C > 99 ) {TEMP_C = 99;}     // Limite supérieure
43     if( TEMP_C < 0 ) {TEMP_C = 0;}       // Limite inférieure
44     if( TEMP_F > 212 ) {TEMP_F = 212;}   // Limite supérieure
45     if( TEMP_F < 32 ) {TEMP_F = 32;}     // Limite inférieure
46   }
47 // ------------- Si la température à changé
48   if( TEMP_C != MemTemperature ) {
49     ECRAN.noStroke();              // Effacement ancienne valeur ...
50     ECRAN.fill(0,255,255);         // ... par des rectangles ...
```

Figure 3.29-A Croquis du projet N°13 (début)

```
 51     ECRAN.rect(24, 51, 25, 15);  // ... de la couleur ...
 52     ECRAN.rect(19, 93, 37, 15);  // ... du fond.
 53 // ------------ Ecrire la nouvelle valeur en degrés
 54     BLEU();
 55     String(TEMP_C).toCharArray(TEXTE,5); // Température C. en texte
 56     ECRAN.text(TEXTE,25,52);              // Affichage
 57     String(TEMP_F).toCharArray(TEXTE,5); // Température F. en texte
 58     ECRAN.text(TEXTE,20,94);              // Affichage
 59 // ------------ Mise à jour barre de thermomètre
 60     NOIR();
 61     ECRAN.fill(0,0,0);       // Effacement de l'ancienne barre
 62     ECRAN.rect(132, 102-(TEMP_C), 7, 6);
 63     ROUGE();
 64     ECRAN.fill(255,0,0);    // Affichage de la nouvelle barre
 65     ECRAN.rect(132, 106, 7, 2);
 66     ECRAN.rect(132, 106-(TEMP_C), 7, TEMP_C);
 67     MemTemperature = TEMP_C;             // Et mémorisation
 68   }
 69 }
 70
 71 //##################### PROCEDURES PERSONNELLES ############################
 72
 73 //=========== PROCEDURE D'AFFICHAGE DE LA PRESENTATION =====================
 74 void PRESENTATION() {
 75   ECRAN.background(0,0,0);    //Effacement de l'écran en NOIR
 76   ECRAN.fill(255,255,0);      // Option de remplissage JAUNE
 77   ECRAN.rect(2,3,156,120);    // Rectangle plein X=156 Y=120 de X=2 Y=3
 78   ECRAN.noFill();             // Fin de l'option de remplissage
 79   BLEU();                     // Couleur de traçage BLEU
 80   ECRAN.rect(4,5,152,116);    // Rectangle vide X=152 Y=116 de X=4 Y=5
 81   ECRAN.setTextSize(2);       // Prochain texte de taille 2
 82   ECRAN.text("PROJET  No13",10,15); // Texte en X=10 et Y=15
 83   ECRAN.text("THERMOMETRE",10,33); // Texte en X=10 et Y=33
 84   ECRAN.text(" GRAPHIQUE",10,56);  // Texte en X=10 et Y=56
 85   ECRAN.text("    SUR",10,79);     // Texte en X=10 et Y=79
 86   ECRAN.text("ARDUINO-UNO",10,97); // Texte en X=10 et Y=97
 87   delay(3000);                     // Délai d'affichage : 3 secondes
 88   ECRAN.background(0,0,0);          // Effacement de l'écran en NOIR
 89 }
 90 //=========== PROCEDURE D'AFFICHAGE DU FOND D'ECRAN ========================
 91 void FOND_ECRAN() {
 92 // ------------ Dessin du thermomètre (contour et bulle du bas)
 93   BLANC();
 94   ECRAN.circle(135, 9, 5);        // Cercle du haut
 95   ECRAN.circle(135, 114, 10);     // Bulle du bas
 96   ECRAN.rect(130, 9, 11, 100);    // Contour corps du thermomètre
 97
 98 // ------------ Effacement des parties inutiles
 99   NOIR();
100   ECRAN.fill(0,0,0);                  // Option de remplissage NOIR
```

Figure 3.29-B Croquis du projet N°13 (suite)

```
101   ECRAN.rect(131, 9, 9, 6);          // Effacement demi cercle haut
102   ECRAN.rect(131, 104, 9, 6);        // Effacement demi cercle bas
103   ECRAN.circle(135, 114, 9);         // Effacement bas rectangle
104   ECRAN.fill(255,0,0);               // Option de remplissage ROUGE
105   ECRAN.circle(135, 114, 8);         // Remplissage bulle du bas
106 // ------------- Ecriture des repères chiffrés
107   ECRAN.setTextSize(1);
108   VERT();
109   ECRAN.text("100 -",94,3);
110   ECRAN.text(" 90 -",94,13);
111   ECRAN.text(" 80 -",94,23);
112   ECRAN.text(" 70 -",94,33);
113   ECRAN.text(" 60 -",94,43);
114   ECRAN.text(" 50 -",94,53);
115   ECRAN.text(" 40 -",94,63);
116   ECRAN.text(" 30 -",94,73);
117   ECRAN.text(" 20 -",94,83);
118   ECRAN.text(" 10 -",94,93);
119   ECRAN.text("  0 -",94,103);
120 // ------------- Dessin des cadres vides et pleins
121   ECRAN.noStroke();
122   ECRAN.fill(255,255,0);
123   ECRAN.rect(10, 10, 80, 110);
124   ROUGE();
125   ECRAN.rect(12, 12, 76, 106);
126   ECRAN.fill(0,255,255);
127   BLEU();
128   ECRAN.rect(14, 14, 72, 16);
129   ECRAN.rect(14, 34, 72, 40);
130   ECRAN.rect(14, 76, 72, 40);
131 // ------------- Température initiale à 00 ° C
132   BLEU();
133   ECRAN.setTextSize(1);
134   ECRAN.text("TEMPERATURE",18,18);
135   ECRAN.text("  CELSIUS",18,40);
136   ECRAN.setTextSize(2);
137   ECRAN.text("00",25,52);
138   ECRAN.text("\xF7",51,52); // Symbole du degré
139   ECRAN.text("C",63,52);
140   ECRAN.setTextSize(1);
141   ECRAN.text("FAHRENHEIT",20,82);
142   ECRAN.setTextSize(2);
143   ECRAN.text("00",20,94);
144   ECRAN.text("\xF7",58,94); // Symbole du degré
145   ECRAN.text("F",70,94);
146 }
147 //============ PROCEDURE DU CONTOUR NOIR ====================================
148 void NOIR() {ECRAN.stroke(0,0,0);}
149 //============ PROCEDURE DU CONTOUR ROUGE ====================================
150 void ROUGE() {ECRAN.stroke(255,0,0);}
```

Figure 3.29-C Croquis du projet N°13 (suite)

```
151 //============ PROCEDURE DU CONTOUR VERT ===================================
152 void VERT() {ECRAN.stroke(0,255,0);}
153 //============ PROCEDURE DU CONTOUR BLEU ===================================
154 void BLEU() {ECRAN.stroke(0,0,255);}
155 //============ PROCEDURE DU CONTOUR JAUNE ==================================
156 void JAUNE() {ECRAN.stroke(255,255,0);}
157 //============ PROCEDURE DU CONTOUR CYAN ===================================
158 void CYAN() {ECRAN.stroke(0,255,255);}
159 //============ PROCEDURE DU CONTOUR MAGENTA ================================
160 void MAGENTA() {ECRAN.stroke(255,0,255);}
161 //============ PROCEDURE DU CONTOUR BLANC ==================================
162 void BLANC() {ECRAN.stroke(255,255,255);}
```

Figure 3.29-D Croquis du projet N°13 (fin)

- Ligne 74 à 88. Procédure dessinant le cadre et les textes de présentation. Toutes les instructions utilisées ont déjà été décrites.

- Lignes 91 à 145. Procédure chargée de dessiner le thermomètre et ses graduations, sur l'écran à partir de cercles et de rectangles pleins et vides. Les commentaires permettent de comprendre le traitement de chaque partie. Notez qu'il n'est fait appel qu'à des instructions connues. Le dessin du symbole du degré se programme de manière particulière sur les lignes 138 et 144.

- Lignes 147 à 162. Ces huit procédures personnelles déterminent la couleur des contours ou des textes en utilisant des noms de couleurs très explicites.

3.14 – « PACMAN » AFFICHEUR LCD ET CARACTÈRES REDÉFINIS

PRÉSENTATION

Revenons sur l'afficheur LCD alphanumérique afin de redéfinir nos propres caractères. Malgré la vaste gamme de caractères disponibles, il en manque toujours un : le symbole ohm, micro, ou un dessin particulier. La mémoire graphique (CGRAM) d'un afficheur LCD alphanumérique permet de redéfinir 8 caractères numérotés de 0 à 7. Cette particularité offre la possibilité de créer de petites animations et d'élaborer une police de caractères géants. Voyons comment procéder.

Il faut savoir qu'un caractère se compose de 40 points (5 x 8). Vous trouverez sur Internet certains logiciels facilitant le travail de création. La **figure 3.30** montre le principe de codage.

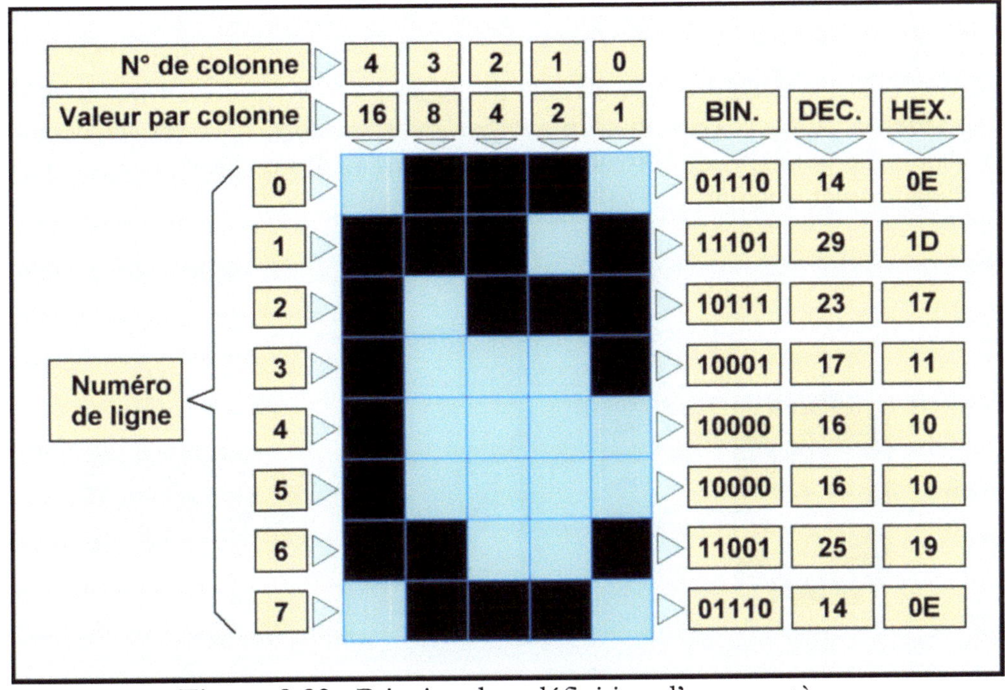

Figure 3.30 Principe de redéfinition d'un caractère

Les cinq colonnes numérotées de 0 à 4 présentent une valeur évoluant en fonction des puissances de 2, si la case est validée.

- La colonne 0 vaut 1 ou 0,
- La colonne 1 vaut 2 ou 0,
- La colonne 2 vaut 4 ou 0,
- La colonne 3 vaut 8 ou 0,
- La colonne 4 vaut 16 ou 0.

Pour calculer la valeur d'une des 8 lignes, il suffit d'additionner les 5 nombres. Sur l'exemple de la **figure 3.30**, la ligne 2 vaut :

1+2+4+0+16=23 en décimal ou 10111 en binaire ou enfin 17 en hexadécimal.

Lors de la programmation du croquis, il faut configurer chacun des 8 caractères avec les valeurs des 8 lignes ainsi obtenues.

Pour illustrer ce travail, nous avons développé une petite animation représentant un personnage bien connu des joueurs de jeux vidéo : « PACMAN ». Celui-ci se déplace de caractère en caractère de la ligne 0 à la ligne 3 de l'afficheur, mange tout ce qu'il trouve sur son passage, vous annonce qu'il n'a plus faim et recommence depuis le début. Huit caractères redéfinis constituent PACMAN, tels que l'illustre la **figure 3.31** à l'aide du logiciel « ***5x8 Custom Character Set Designer*** ». Celui-ci n'est absolument pas indispensable, il en existe d'autres. D'ailleurs, ce petit travail s'effectue très bien sans rien, un simple crayon et une feuille de papier suffisent !

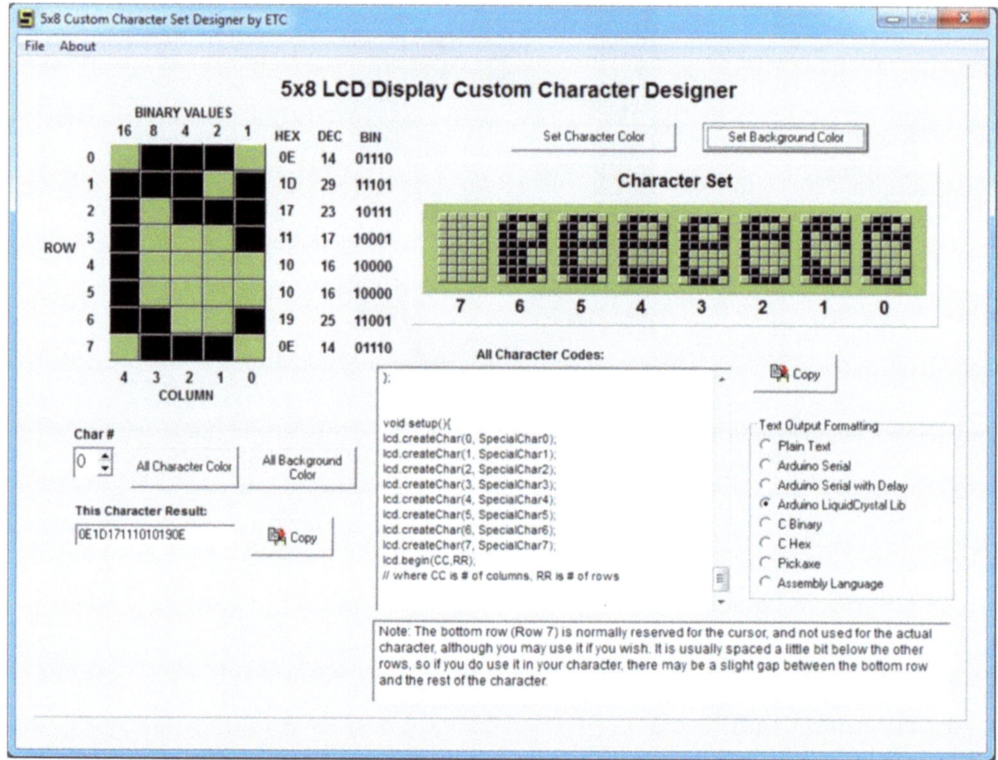

Figure 3.31 Redéfinition des 8 caractères du PACMAN

SCHÉMA DE CÂBLAGE

Pour cette expérimentation alimentée par le cordon USB, suivez le plan de câblage N°11 de la **figure 3.32** et préparez le matériel suivant :

- La platine principale supportant le module Arduino-UNO,
- La platine supportant l'afficheur LCD de 4x20 caractères, embrochée sur la platine principale.

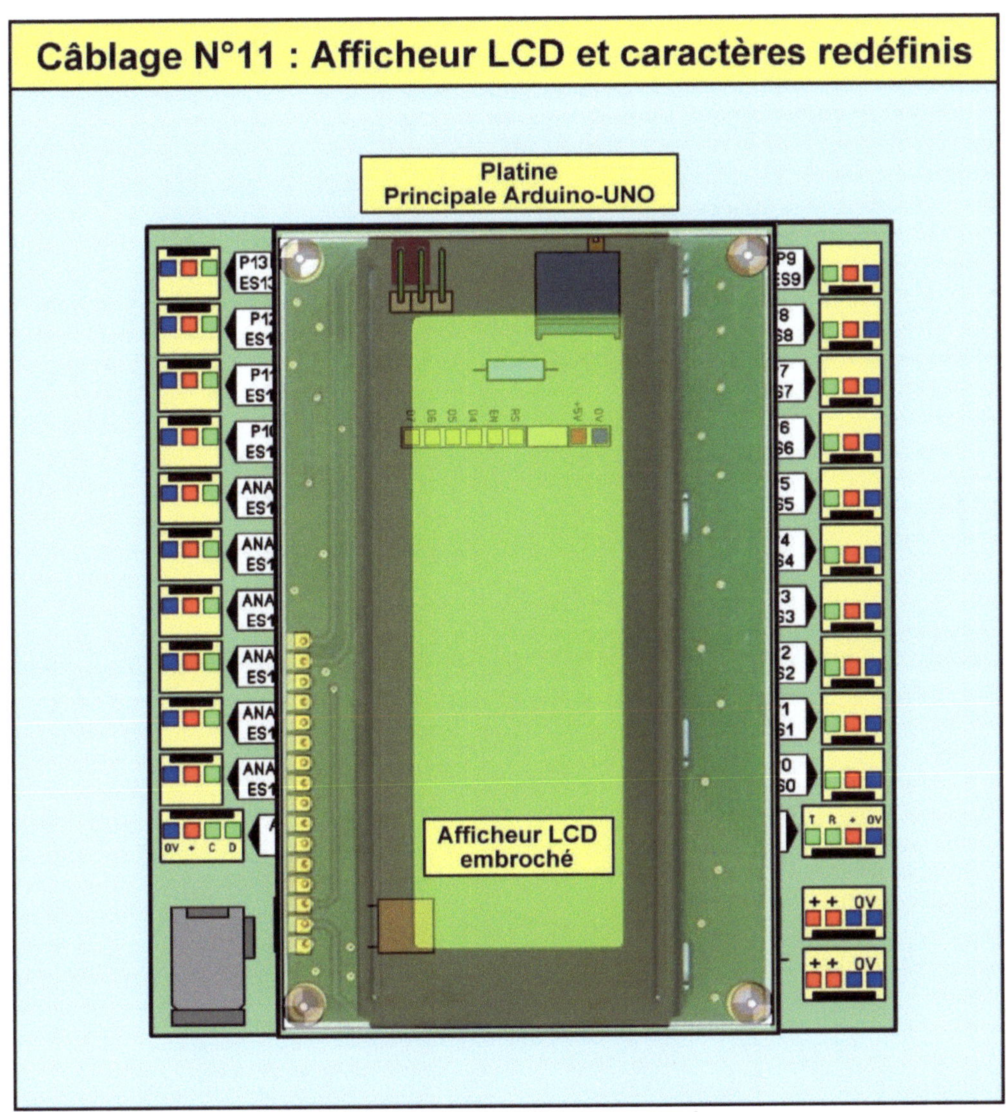

Figure 3.32   Plan de câblage N°11

PROGRAMMATION

Ouvrez le logiciel « ARDUINO » et saisissez ou chargez le croquis « ***Projet_14*** » représenté sur la **figure 3.33**.

```arduino
1  //===================================================================
2  //===     ARDUINO-UNO EN PRATIQUE    ---    (c) Yves MERGY 2016    ===
3  //===                        Projet N°14                          ===
4  //===  ANIMATION LCD DE "PACMAN" AVEC DES CARACTERES REFEFINIS  ===
5  //===================================================================
6  //----- AJOUT DE LIBRAIRIES ADDITIONNELLES -----------------------
7  #include <LiquidCrystal.h>  // Librairie pour l'afficheur alphanumérique LCD
8  //----- CONSTANTES ------------------------------------------------
9  LiquidCrystal lcd(2,3,4,5,6,7); // RS=2, RW=GND, EN=3, D4=4, D5=5, D6=6, D7=7
10 // Redéfinition de 8 caractères pour dessiner le personnage de PACMAN
11 byte CAR0[8]={14,29,23,17,16,16,25,14}; // Caractère redéfini N°0 (Pacman 1)
12 byte CAR1[8]={14,29,23,17,16,24,29,14}; // Caractère redéfini N°1 (Pacman 2)
13 byte CAR2[8]={14,25,31,17,16,16,25,14}; // Caractère redéfini N°2 (Pacman 3)
14 byte CAR3[8]={14,25,25,31,16,16,25,14}; // Caractère redéfini N°3 (Pacman 4)
15 byte CAR4[8]={14,25,25,31,16,16,31,14}; // Caractère redéfini N°4 (Pacman 5)
16 byte CAR5[8]={14,25,25,31,24,24,31,14}; // Caractère redéfini N°5 (Pacman 6)
17 byte CAR6[8]={14,25,25,31,28,28,31,14}; // Caractère redéfini N°6 (Pacman 7)
18 byte CAR7[8]={00,00,00,00,00,00,00,00}; // Caractère redéfini N°7 (vide)
19 //--------------- PROCEDURE D'INITIALISATION ---------------------
20 void setup() {
21   lcd.createChar(0, CAR0); // Création du caractère N°0
22   lcd.createChar(1, CAR1); // Création du caractère N°1
23   lcd.createChar(2, CAR2); // Création du caractère N°2
24   lcd.createChar(3, CAR3); // Création du caractère N°3
25   lcd.createChar(4, CAR4); // Création du caractère N°4
26   lcd.createChar(5, CAR5); // Création du caractère N°5
27   lcd.createChar(6, CAR6); // Création du caractère N°6
28   lcd.createChar(7, CAR7); // Création du caractère N°7
29   lcd.begin(20, 4); // Afficheur LCD de 20 caractères sur 4 lignes
30 }
31 //--------------- BOUCLE PRINCIPALE ------------------------------
32 void loop() {
33   // Dessin du champ de fruits pour PACMAN
34   lcd.setCursor(0, 0); lcd.print(".o...o......o....o..");
35   lcd.setCursor(0, 1); lcd.print("...o.....o.o......o.");
36   lcd.setCursor(0, 2); lcd.print("o.......o.....o.o..");
37   lcd.setCursor(0, 3); lcd.print("..o.....o..o..ooo.o");
38   for(int L = 0; L < 4; L++){      // Pour les 4 lignes de l'afficheur
39     for(int C = 0; C < 20; C++){  // Pour les 20 colonnes de l'afficheur
40       for(int n = 0; n < 8; n++){ // Les 8 caractères
41         lcd.setCursor(C,L);       // Sélection de la position
42         lcd.write(n);             // Dessinés sur le même emplacement
43         delay(90);                // avec 90 mS de pause entre chaque
44       }
45     }
46   }
47   lcd.setCursor(0,2);                 // Position du curseur
48   lcd.print("PACMAN N'A PLUS FAIM"); // Phrase finale de conclusion
49   delay(2000);                        // Pause de 2 secondes pour lire
50 }
```

Figure 3.33 Croquis du projet N°14

- Lignes 11 à 18. Redéfinition des huit caractères composant le « PACMAN », suivant le principe décrit ci-dessus ; chacun étant mémorisé dans un tableau de huit variables de type « byte » ou octet en français. Le premier nombre correspond à la première ligne du caractère, le dernier à la huitième.
- Lignes 21 à 28. La procédure d'initialisation créée les huit caractères en mémoire graphique (CGRAM) de l'afficheur LCD.
- Lignes 34 à 37. Dessin de ce qui pourrait ressembler à un champ de fruits pour « PACMAN » sur les quatre lignes de l'afficheur.
- Lignes 38 à 46. Trois boucles « *for* » imbriquées permettent de balayer les 4 lignes de l'afficheur (ligne 38), les 20 colonnes (ligne 39) et de dessiner consécutivement (lignes 40 à 42) les huit caractères graphiques redéfinis à chaque emplacement. La pause de 90 millisecondes qui suit sert à fixer la visibilité de chaque étape du personnage.
- Lignes 47 à 49. Affichage du texte de conclusion durant 2 secondes avant de recommencer le cycle depuis le début.

EXERCICE

Cette application ludique offre d'innombrables fantaisies. Commencez par redessiner le personnage comme vous l'imagineriez. Ralentissez le mouvement afin d'analyser le processus. Amusez-vous avant d'aborder l'application suivante, moins récréative.

3.15 – « CHIFFRES GÉANTS » ET CARACTÈRES REDÉFINIS SUR LCD

PRÉSENTATION

Passons maintenant à une application plus sérieuse, toujours basée sur la redéfinition de caractères graphiques sur un afficheur LCD alphanumérique. Il arrive parfois de souhaiter afficher la température, l'heure, un décompte, etc. de manière bien visible sur ce type d'afficheur. Les caractères d'origine ayant une taille réduite, en redéfinissant les 8 caractères graphiques, il devient possible d'afficher de grands nombres. Chaque chiffre se compose de 9 blocs redéfinis par nos soins. Ce procédé permet également de former des symboles et des lettres. La **figure 3.34** montre les huit caractères redéfinis et la manière de composer les dix chiffres ainsi que quelques symboles.

Le projet montre un texte de présentation, à droite de l'écran écrit à l'aide de caractères de taille normale et sur la partie gauche, les chiffres géants se succèdent au rythme de la seconde.

Figure 3.34 Redéfinition de caractères pour obtenir des chiffres géants

SCHÉMA DE CÂBLAGE

Pour cette expérimentation alimentée par le cordon USB, suivez de nouveau le plan de câblage N°11 de la **figure 3.32** et préparez le matériel suivant :

- La platine principale supportant le module Arduino-UNO,
- La platine supportant l'afficheur LCD de 4x20 caractères, embrochée sur la platine principale.

PROGRAMMATION

Ouvrez le logiciel « ARDUINO » et saisissez ou chargez le croquis « *Projet_15* » représenté sur les **figures 3.35-A et 3.35-B**.

- Lignes 11 à 18. Redéfinition des huit caractères destinés à former les chiffres ou les symboles géants. Notez que lors de l'expérimentation précédente, nous avons opté pour une notation décimale, alors que dans le cas présent les nombres sont inscrits en binaire. Ce choix arbitraire est uniquement dicté par votre habitude de programmation.
- Lignes 23 à 30. La procédure d'initialisation créée les huit caractères en mémoire graphique (CGRAM) de l'afficheur LCD.
- Ligne 31. Initialisation de l'afficheur de 20 caractères et de 4 lignes.
- Ligne 32 à 35. Affichage du texte de présentation invariable, à droite de l'écran.
- Ligne 44. La boucle principale débute par l'affichage du chiffre géant « 0 ». Sur cette ligne, le curseur se positionne sur la première colonne de la seconde ligne et affiche les trois premiers caractères qui forment la partie haute du « 0 ».
- Ligne 45. Le curseur se positionne sur la première colonne de la troisième ligne et affiche les trois caractères qui forment la section centrale du « 0 ».
- Ligne 46. Le curseur se positionne sur la première colonne de la dernière ligne et affiche les trois caractères qui forment le bas du chiffre « 0 ».
- Ligne 47. Cette pause, fixée à une seconde, permet de voir chaque chiffre avant l'affichage du suivant.
- Lignes 48 à 83. Le processus se répète pour les neuf autres chiffres, avant de recommencer au premier.

Notez que le compilateur n'accepte pas l'instruction « *lcd.write(0)* » et retourne un message d'erreur. Afin de palier ce désagrément, il suffit de la remplacer par « *lcd.write((byte)0)* ».

```
 1 //===========================================================
 2 //===      ARDUINO-UNO EN PRATIQUE    ---   (c) Yves MERGY 2016      ===
 3 //===                        Projet N°15                           ===
 4 //===    CHIFFRES GEANTS SUR LCD AVEC DES CARACTERES REFEFINIS   ===
 5 //===========================================================
 6 //----- AJOUT DE LIBRAIRIES ADDITIONNELLES ----------------------
 7 #include <LiquidCrystal.h>  // Librairie pour l'afficheur alphanumérique LCD
 8 //----- CONSTANTES ------------------------------------------
 9 LiquidCrystal lcd(2,3,4,5,6,7); // RS=2, RW=GND, EN=3, D4=4, D5=5, D6=6, D7=7
10 // Redéfinition de 8 blocs pour dessiner les gros chiffres et symboles
11 byte SEG0[8]={B00011,B01111,B01111,B01111,B11111,B11111,B11111,B11111};
12 byte SEG1[8]={B11000,B11110,B11110,B11111,B11111,B11111,B11111,B11111};
13 byte SEG2[8]={B11111,B11111,B11111,B11111,B00000,B00000,B00000,B00000};
14 byte SEG3[8]={B11111,B11111,B11111,B11111,B11111,B11111,B11111,B11111};
15 byte SEG4[8]={B00011,B01111,B01111,B11111,B00000,B00000,B00000,B00000};
16 byte SEG5[8]={B11111,B01111,B01111,B00011,B00000,B00000,B00000,B00000};
17 byte SEG6[8]={B11111,B11110,B11110,B11000,B00000,B00000,B00000,B00000};
18 byte SEG7[8]={B00000,B00000,B00000,B00000,B00000,B00000,B00000,B00000};
19 //----- VARIABLE -------------------------------------------
20 int TEMPS = 1000;
21 //--------------- PROCEDURE D'INITIALISATION -----------------
22 void setup() {
23   lcd.createChar(0,SEG0);
24   lcd.createChar(1,SEG1);
25   lcd.createChar(2,SEG2);
26   lcd.createChar(3,SEG3);
27   lcd.createChar(4,SEG4);
28   lcd.createChar(5,SEG5);
29   lcd.createChar(6,SEG6);
30   lcd.createChar(7,SEG7);
31   lcd.begin(20, 4);
32   lcd.setCursor(0,0);lcd.print("CARACTERES REDEFINIS");
33   lcd.setCursor(5,1);lcd.print("POUR FORMER DES");
34   lcd.setCursor(5,2);lcd.print("CHIFFRES GEANTS");
35   lcd.setCursor(5,3);lcd.print("ET DES SYMBOLES");
36 }
37 //--------------- BOUCLE PRINCIPALE -------------------------
38 void loop() {
39 // ##################################################################
40 // #              !!! --- A T T E N T I O N --- !!!                 #
41 // #  Pour éviter une erreur de compilation, l'instruction          #
42 // #  lcd.write(0) doit être remplacée par lcd.write((byte)0)       #
43 // ##################################################################
44   lcd.setCursor(0,1);lcd.write((byte)0);lcd.write(2);lcd.write(1);
45   lcd.setCursor(0,2);lcd.write(3);lcd.write(7);lcd.write(3);
46   lcd.setCursor(0,3);lcd.write(5);lcd.write(2);lcd.write(6);
47   delay(TEMPS); // Les caractères forment le chiffre 0
48   lcd.setCursor(0,1);lcd.write(4);lcd.write(3);lcd.write(7);
49   lcd.setCursor(0,2);lcd.write(7);lcd.write(3);lcd.write(7);
50   lcd.setCursor(0,3);lcd.write(4);lcd.write(2);lcd.write(6);
```

Figure 3.35-A Croquis du projet N°15 (début)

```
51    delay(TEMPS); // Les caractères forment le chiffre 1
52    lcd.setCursor(0,1);lcd.write(4);lcd.write(2);lcd.write(1);
53    lcd.setCursor(0,2);lcd.write((byte)0);lcd.write(2);lcd.write(6);
54    lcd.setCursor(0,3);lcd.write(5);lcd.write(2);lcd.write(6);
55    delay(TEMPS); // Les caractères forment le chiffre 2
56    lcd.setCursor(0,1);lcd.write(4);lcd.write(2);lcd.write(1);
57    lcd.setCursor(0,2);lcd.write(7);lcd.write(2);lcd.write(3);
58    lcd.setCursor(0,3);lcd.write(5);lcd.write(2);lcd.write(6);
59    delay(TEMPS); // Les caractères forment le chiffre 3
60    lcd.setCursor(0,1);lcd.write(1);lcd.write(7);lcd.write((byte)0);
61    lcd.setCursor(0,2);lcd.write(5);lcd.write(2);lcd.write(3);
62    lcd.setCursor(0,3);lcd.write(7);lcd.write(7);lcd.write(2);
63    delay(TEMPS); // Les caractères forment le chiffre 4
64    lcd.setCursor(0,1);lcd.write(3);lcd.write(2);lcd.write(6);
65    lcd.setCursor(0,2);lcd.write(5);lcd.write(2);lcd.write(1);
66    lcd.setCursor(0,3);lcd.write(5);lcd.write(2);lcd.write(6);
67    delay(TEMPS); // Les caractères forment le chiffre 5
68    lcd.setCursor(0,1);lcd.write((byte)0);lcd.write(2);lcd.write(6);
69    lcd.setCursor(0,2);lcd.write(3);lcd.write(2);lcd.write(1);
70    lcd.setCursor(0,3);lcd.write(5);lcd.write(2);lcd.write(6);
71    delay(TEMPS); // Les caractères forment le chiffre 6
72    lcd.setCursor(0,1);lcd.write(5);lcd.write(2);lcd.write(3);
73    lcd.setCursor(0,2);lcd.write(7);lcd.write((byte)0);lcd.write(6);
74    lcd.setCursor(0,3);lcd.write(7);lcd.write(2);lcd.write(7);
75    delay(TEMPS); // Les caractères forment le chiffre 7
76    lcd.setCursor(0,1);lcd.write((byte)0);lcd.write(2);lcd.write(1);
77    lcd.setCursor(0,2);lcd.write(3);lcd.write(2);lcd.write(3);
78    lcd.setCursor(0,3);lcd.write(5);lcd.write(2);lcd.write(6);
79    delay(TEMPS); // Les caractères forment le chiffre 8
80    lcd.setCursor(0,1);lcd.write((byte)0);lcd.write(2);lcd.write(1);
81    lcd.setCursor(0,2);lcd.write(5);lcd.write(2);lcd.write(3);
82    lcd.setCursor(0,3);lcd.write(5);lcd.write(2);lcd.write(6);
83    delay(TEMPS); // Les caractères forment le chiffre 9
84 }
```

Figure 3.35-B Croquis du projet N°15 (fin)

<u>*EXERCICE*</u>

En plus, ou à la place des 10 chiffres géants, essayez de programmer des lettres ou des symboles à l'aide de nos 8 caractères redéfinis. Pour les plus ambitieux, remaniez fondamentalement le croquis pour afficher un compteur de 0 à 999.

3.16 – TEST UNIVERSEL DE TÉLÉCOMMANDES À INFRAROUGE

PRÉSENTATION

Les télécommandes infrarouges ont envahi notre quotidien. Vous en trouvez sur tous les types d'appareil : haute fidélité, téléviseur, lecteur de DVD, domotique, etc. Un module Arduino-UNO équipé d'un simple capteur infrarouge « TSOP4838 », un des plus courants, peut détecter le rayon et indiquer, sur un afficheur LCD, le standard de transmission et le code de la touche actionnée de la plupart des télécommandes infrarouges. Une telle expérimentation peut rendre de grands services en cas de doute.

Afin de facilité le travail de programmation, nous vous invitons à télécharger et à installer la librairie additionnelle « *IRremote* » selon le procédé décrit au paragraphe 1 .6.

En étudiant en détail les fichiers fournis avec la librairie « *IRremote* », les plus ambitieux pourront même envisager de développer une application capable de générer le code et le standard voulu, en bref : une télécommande universelle !

SCHÉMA DE CÂBLAGE

Pour cette expérimentation alimentée par le cordon USB, suivez le plan de câblage N°12 de la **figure 3.36** et préparez le matériel suivant :

- La platine principale supportant le module Arduino-UNO,
- La platine supportant l'afficheur LCD de 4x20 caractères, embrochée sur la platine principale.
- 1 Platine à capteur infrarouge TSOP4838.
- 1 Cordon à 2 connecteurs à 3 broches femelles.

PROGRAMMATION

Ouvrez le logiciel « ARDUINO » et saisissez ou chargez le croquis « *Projet_16* » représenté sur les **figures 3.37**.

- Lignes 7 et 8. Déclaration des librairies additionnelles. Notez que la librairie « *IRremote* » fait l'objet d'une installation particulière comme spécifié au paragraphe 1.6.
- Ligne 11. La constante nommée « TSOP4838 » déclare que le capteur infrarouge se raccorde sur la broche E/S10 de l'Arduino-UNO.
- Lignes 13 et 14. Variables servant à la lecture et au décodage des données reçues par le faisceau infrarouge.

- Lignes 18 à 25. La procédure « ***setup*** » initialise la lecture du capteur infrarouge et de l'afficheur LCD. Après effacement de celui-ci, le message de présentation s'inscrit, vous invitant à appuyer sur une touche d'une télécommande.

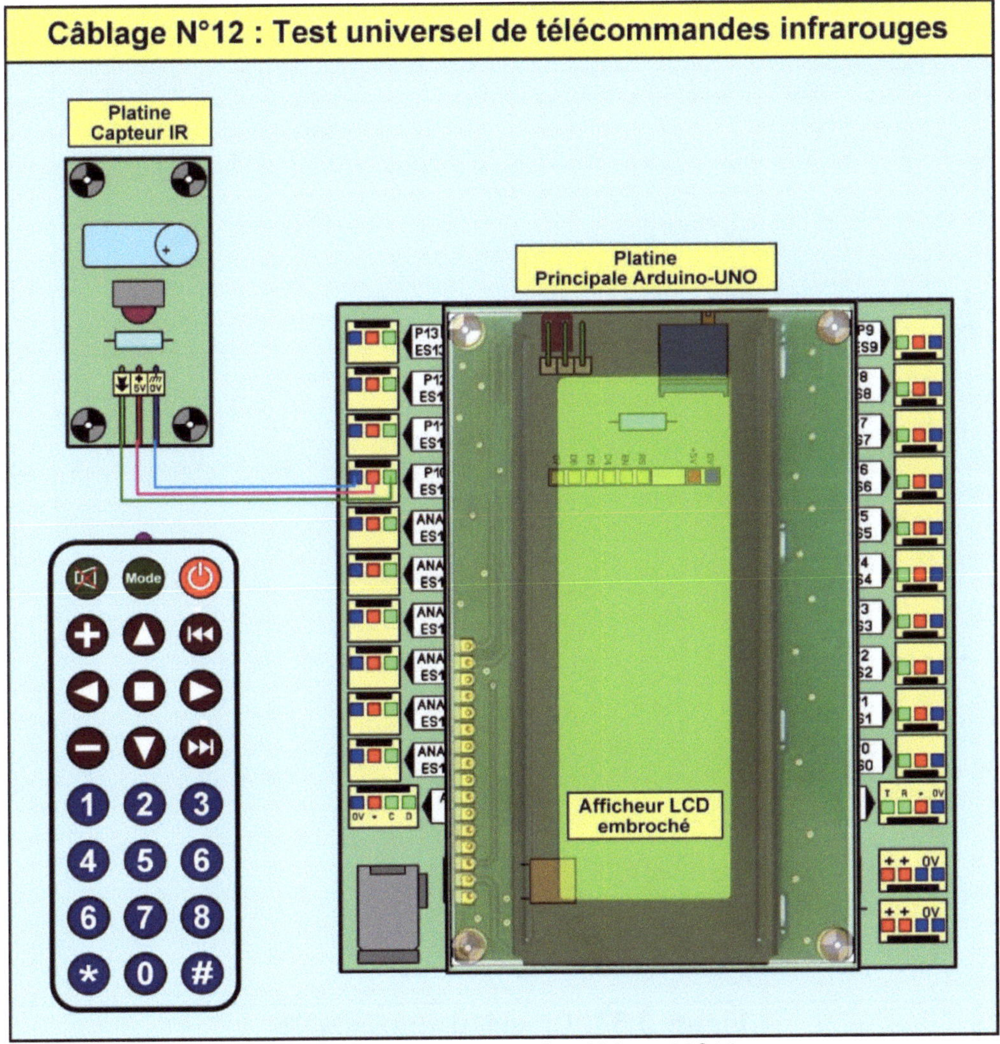

Figure 3.36 Plan de câblage N°12

```cpp
1 //================================================================
2 //===      ARDUINO-UNO EN PRATIQUE    ---    (c) Yves MERGY 2016    ===
3 //===                       Projet N°16                           ===
4 //===      TEST UNIVERSEL D'UNE TELECOMMANDE INFRAROUGE SUR LCD    ===
5 //================================================================
6 //----- AJOUT DE LIBRAIRIES ADDITIONNELLES -------------------
7 #include <LiquidCrystal.h>  // Librairie pour l'afficheur alphanumérique LCD
8 #include <IRremote.h>       // Librairie pour le capteur INFRAROUGE
9 //----- CONSTANTES -------------------------------------------
10 LiquidCrystal lcd(2, 3, 4, 5, 6, 7); // RS=2, RW=GND, EN=3, D4=4, D5=5, D6=6, D7=7
11 int TSOP4838 = 10;          // Capteur TSOP4838 sur la ligne 10
12 //----- VARIABLES --------------------------------------------
13 IRrecv irrecv(TSOP4838);    // Attente et lecture des informations sur le capteur
14 decode_results RESULTAT;    // Analyse et décodage du résultat
15
16 //--------------- PROCEDURE D'INITIALISATION ------------------
17 void setup() {
18   irrecv.enableIRIn();  // Initialisation de la gestion du capteur INFRAROUGE
19   lcd.begin(20, 4);     // Initialisation de l'afficheur en 20 caractères sur 4 lignes
20   lcd.clear();          // Effacement
21   // Message de présentation sur 4 lignes
22   lcd.setCursor(0, 0); lcd.print("ARDUINO-UNO PRATIQUE");
23   lcd.setCursor(0, 1); lcd.print("     PROJET No 16    ");
24   lcd.setCursor(0, 2); lcd.print("TEST TELECOMMANDE IR");
25   lcd.setCursor(0, 3); lcd.print("APPUYEZ SUR 1 TOUCHE");
26 }
27 //--------------- BOUCLE PRINCIPALE --------------------------
28 void loop() {
29   if (irrecv.decode(&RESULTAT)) {  //Le programme se poursuit en cas de détection
30     lcd.clear();        // Effacement
31     // Analyse du standard infrarouge reçu et affichage
32     switch(RESULTAT.decode_type) {
33       case UNKNOWN: lcd.setCursor(0, 0); lcd.print ("Standard : INCONNU"); break;
34       case RC6: lcd.setCursor(0, 0); lcd.print ("Standard : RC6"); break;
35       case RC5: lcd.setCursor(0, 0); lcd.print ("Standard : RC5"); break;
36       case NEC: lcd.setCursor(0, 0); lcd.print ("Standard : NEC"); break;
37       case SONY: lcd.setCursor(0, 0); lcd.print ("Standard : SONY"); break;
38       case LG: lcd.setCursor(0, 0); lcd.print ("Standard : LG"); break;
39       case JVC: lcd.setCursor(0, 0); lcd.print ("Standard : JVC"); break;
40       case PANASONIC: lcd.setCursor(0, 0); lcd.print ("Standard : PANASONIC"); break;
41       default: lcd.setCursor(0, 0); lcd.print ("Standard : ???");
42     }
43     // Affichage de la valeur en hexadécimal
44     lcd.setCursor(0, 1); lcd.print ("Valeur : "); lcd.print (RESULTAT.value, HEX);
45     // Affichage du nombre de bits en décimal
46     lcd.setCursor(0, 2); lcd.print (RESULTAT.bits, DEC); lcd.print (" BIT(s)");
47     irrecv.resume();  // Prêt à recevoir de nouvelles informations
48     delay(2000);      // Pause de 2 secondes pour lecture entre deux affichages
49   }
50 }
```

Figure 3.37 Croquis du projet N°16

152

- Ligne 29. La boucle principale débute par un test pour savoir si le capteur a reçu de nouvelles données à traiter.
- Ligne 30. Dans ce cas, l'écran s'efface pour visualiser les nouvelles informations.
- Lignes 32 à 41. L'instruction « ***switch(variable) … case … case …*** » remplace avantageusement une série de « ***if*** ». En fonction du contenu de la variable, telle ou telle autre section du croquis est exécutée. Dans notre cas, la variable contient le standard de transmission infrarouge. Il convient donc d'afficher celui qui convient d'après les tests. Les lignes se terminent par l'instruction « ***break*** » permettant de sortir directement de la série de tests.
- Ligne 44. Après le standard, cette ligne se charge d'inscrire, sur la seconde ligne de l'afficheur, la valeur reçue au format hexadécimal.
- Ligne 46. Sur la troisième ligne de l'écran, nous donnons le nombre de bits de la valeur reçue précédemment.
- Ligne 47. Cette instruction permet d'initialiser la réception.
- Ligne 48. La boucle principale se termine par une pause de 2 secondes destinée à lire les données affichées avant de revenir au début. Certains standards infrarouges se remettent seuls à zéro, d'autres non. Cette pause s'avère donc indispensable.

EXERCICE

En tenant compte des informations affichées et correspondant à votre télécommande, modifiez le projet pour gérer les trois couleurs d'une led RVB. Une touche allume uniquement la verte, une seconde seulement la rouge et une troisième la bleue. La touche « arrêt » de la télécommande éteint tout.

3.17 – SERVOMOTEUR COMMANDÉ PAR UNE CELLULE LDR

PRÉSENTATION

Dans ce projet, nous allons étudier comment mesurer le niveau d'éclairement d'une cellule photorésistante (LDR) et se servir de cette valeur pour actionner un servomoteur de modélisme. Pour garder le côté didactique, les informations peuvent s'afficher sur le terminal de l'ordinateur, si vous l'activez après le téléversement. Une telle application peut servir, par exemple, à orienter des panneaux solaires pour suivre le soleil et emmagasiner toujours un maximum d'énergie. Il faudra bien sûr plus d'une photorésistance et plus d'un servomoteur, mais armés de ces bases, vous pourrez certainement développer un projet d'envergure. À vous de trouver d'autres applications découlant de ce principe.

SCHÉMA DE CÂBLAGE

Pour cette expérimentation alimentée par le cordon USB, suivez le plan de câblage N°13 de la **figure 3.38** et préparez le matériel suivant :

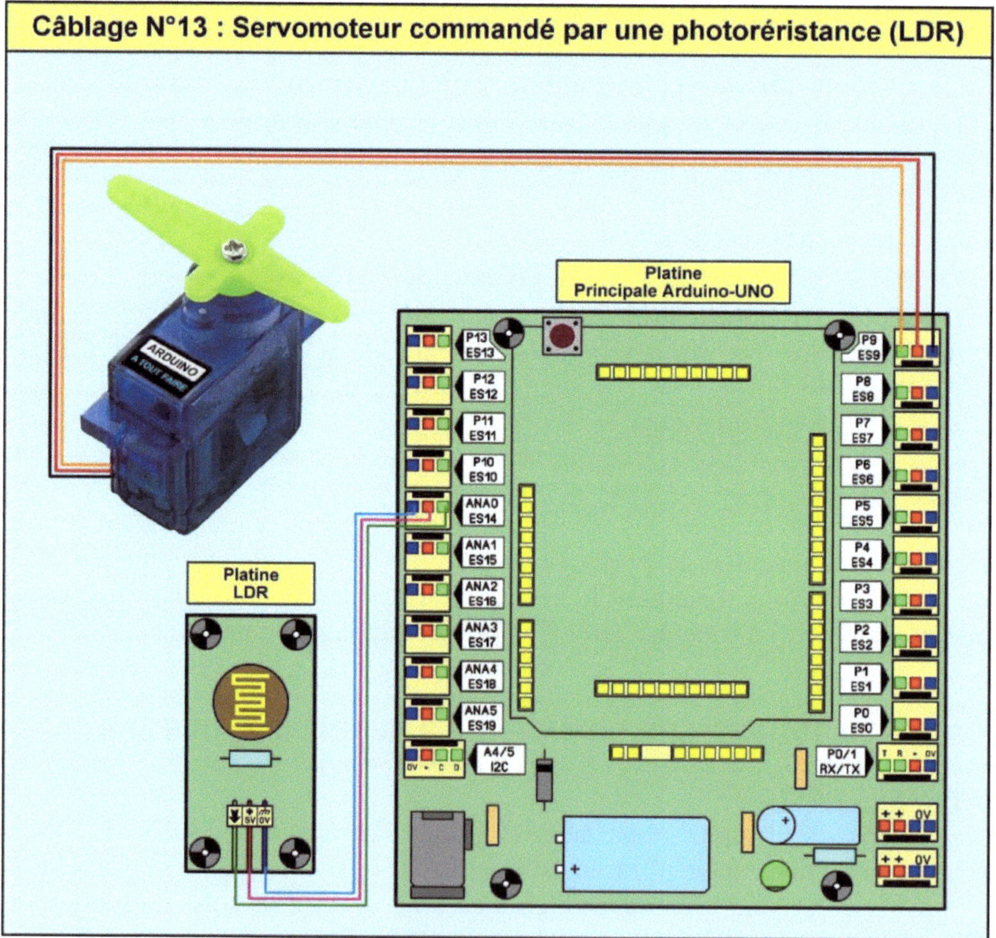

Figure 3.38 Plan de câblage N°13

- La platine principale supportant le module Arduino-UNO,

- 1 Platine à cellule photorésistante (LDR),
- 1 Servomoteur de modélisme (standard ou miniature).
- 1 Cordon à 2 connecteurs à 3 broches femelles.

```
1  //=====================================================================
2  //===      ARDUINO-UNO EN PRATIQUE    ---    (c) Yves MERGY 2016    ===
3  //===                         Projet N°17                          ===
4  //===      SERVOMOTEUR COMMANDE PAR UNE PHOTORESISTANCE (LDR)       ===
5  //=====================================================================
6
7  //----- AJOUT DE LIBRAIRIE ADDITIONNELLE -------------------------
8  #include <Servo.h>  // Librairie pour la gestion des servomoteurs
9
10 //----- CONSTANTE -----------------------------------------------
11 Servo SERVOMOTEUR;   // création de l'objet SERVOMOTEUR
12
13 //----- VARIABLES -----------------------------------------------
14 int LDR = A0;     // LDR sur l'entrée analogique ANA0
15 int VALEUR;       // Variable de lecture de la valeur analogique
16
17 //---------------- PROCEDURE D'INITIALISATION -------------------
18 void setup() {
19   Serial.begin(9600);      // Initialisation du moniteur à 9600 bauds
20   SERVOMOTEUR.attach(9);   // L'objet SERVOMOTEUR rattaché à la broche 9
21 }
22
23 //---------------- BOUCLE PRINCIPALE ----------------------------
24 void loop() {
25   // Lecture le l'éclairement de la LDR (de 0 à 1023)
26   VALEUR = analogRead(LDR);
27   // Affichage de la valeur d'éclairement
28   Serial.print("LUMIERE = ");
29   Serial.println(VALEUR, DEC);
30   // Conversion de l'éclairement (0 à 1023) en degrés (10 à 170)
31   VALEUR = map(VALEUR, 0, 1023, 10, 170);
32   // Activation du servomoteur
33   SERVOMOTEUR.write(VALEUR);
34   // Affichage de l'angle de rotation sur le moniteur
35   Serial.print("SERVOMOTEUR = ");
36   Serial.print(VALEUR, DEC);
37   Serial.println(" DEGRE(s)");
38   Serial.println("");            // Saut de ligne sur le moniteur
39   delay(200);                    // Pause de 200 mS. de seconde
40 }
```

Figure 3.39 Croquis du projet N°17

PROGRAMMATION

Ouvrez le logiciel « ARDUINO » et saisissez ou chargez le croquis « ***Projet_17*** » représenté sur les **figures 3.39**.

- Ligne 8. Déclaration d'une nouvelle librairie : « ***Servo.h*** » destinée à gérer le fonctionnement des servomoteurs au sein du module Arduino. Celle-ci est intégrée à l'archive d'origine du logiciel ARDUINO.

- Ligne 11. Il convient de créer un objet virtuel afin de programmer le servomoteur. Il s'agit simplement de lui attribuer un nom définitif dans le croquis.

- Lignes 19 et 20. La procédure d'initialisation configure la vitesse de transmission du moniteur en vue de l'affichage des données et attribue la broche 9 de l'Arduino-UNO à la gestion du servomoteur.

- Ligne 26. Lecture de la valeur d'éclairement sur la cellule photorésistante (LDR), par l'entée ANA0 de l'Arduino-UNO.

- Lignes 28 et 29. Affichage de celle-ci sur le terminal de l'ordinateur, au format décimal. L'instruction « ***print*** » inscrit un texte préliminaire sans retour à la ligne, alors que « ***println*** » affiche la valeur et saute à la ligne suivante.

- Ligne 31. Conversion du niveau d'éclairement (0 à 1023) en un nombre correspondant à une position acceptable pour le servomoteur (10 à 170).

- Ligne 33. Envoi de la commande de déplacement au servomoteur.

- Lignes 35 à 37. Affichage très explicite de la position du servomoteur, en degrés et en décimal.

- Ligne 38. Affichage d'un saut de ligne avec une ligne vide.

- Ligne 39. Temporisation de 200 millisecondes afin de laisser, à la mécanique du servomoteur, le temps d'effectuer la manœuvre.

EXERCICE

En remplaçant la LDR par un potentiomètre, vous obtenez un testeur de servomoteur. Pour le rendre autonome, faites effectuer l'affichage, non plus sur le terminal, mais sur l'écran LCD alphanumérique. Cette modification nécessite un remaniement du croquis.

3.18 – UN JOYSTICK GÈRE DEUX MOTEURS A COURANT CONTINU

PRÉSENTATION

Vous avez certainement tous fait fonctionner un petit moteur à courant continu (DC). Il suffit d'appliquer une tension continue à ses bornes. Pour inverser le sens de rotation, il faut inverser la polarité de cette tension. La solution ancestrale consiste à employer un ou deux relais électromagnétiques. Nous préférons le pont en « H » à transistors bipolaires. La **figure 3.40** illustre ces deux principes à l'aide de schémas très clairs.

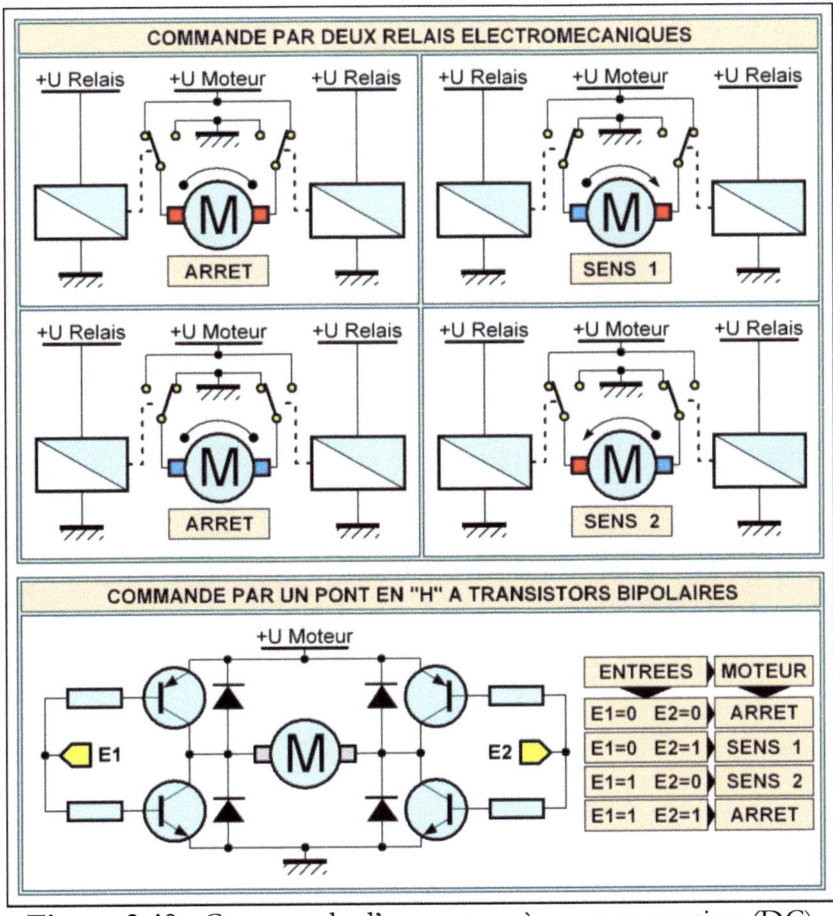

ENTREES		MOTEUR
E1=0	E2=0	ARRET
E1=0	E2=1	SENS 1
E1=1	E2=0	SENS 2
E1=1	E2=1	ARRET

Figure 3.40 Commande d'un moteur à courant continu (DC)

La présente application vous propose de gérer deux moteurs à courant continu au moyen de ponts en « H ». Le circuit intégré L293 nous facilite le travail car il renferme deux ponts en « H », comme nous l'avons étudié précédemment à la **figure 2.58**. Nous utilisons un joystick à deux axes comme organe de commande permettant d'agir sur la gestion des moteurs.

SCHÉMA DE CÂBLAGE

Pour cette expérimentation alimentée par le cordon USB et par une source de puissance externe, suivez le plan de câblage N°14 de la **figure 3.41** et préparez le matériel suivant :

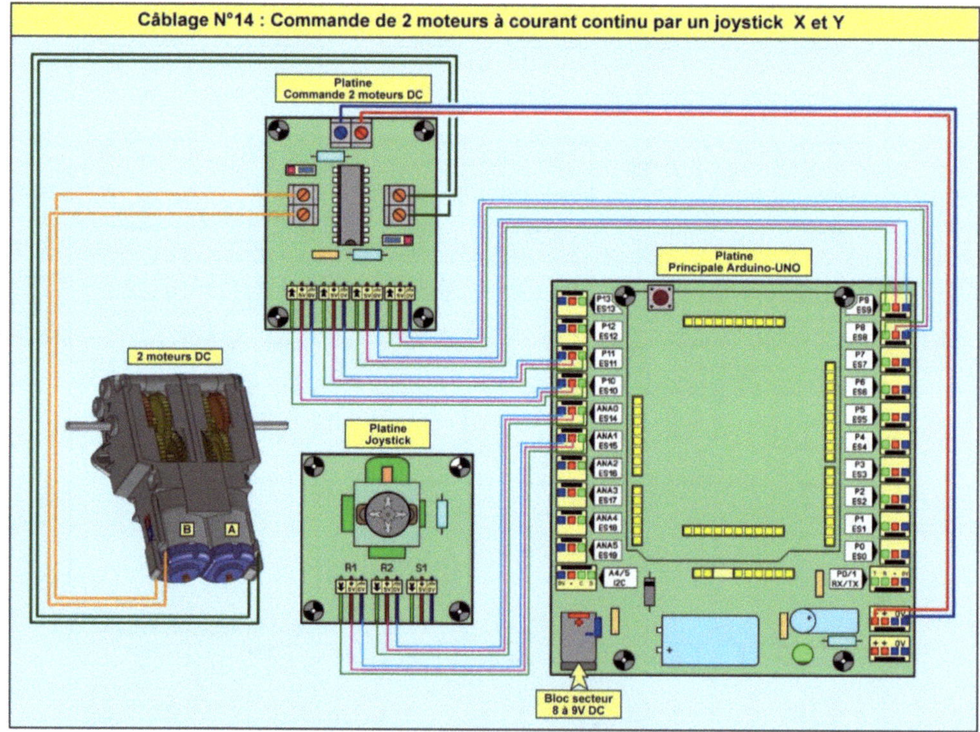

Figure 3.41 Plan de câblage N°14

- La platine principale supportant le module Arduino-UNO,
- 1 Platine joystick,
- 1 Platine de commande pour 2 moteurs DC,

158

- 1 Double motoréducteur avec moteurs en 4 à 5 volts (Tamyia par exemple),
- Alimentation externe 8 à 9 volts 1A (Pour la motorisation).
- 6 Cordons à 2 connecteurs à 3 broches femelles et des fils de câblage.

PROGRAMMATION

Ouvrez le logiciel « ARDUINO » et saisissez ou chargez le croquis « ***Projet_18*** » représenté sur les **figures 3.42**.

- Lignes 8 à 11. Déclaration des constantes désignant les sorties du module Arduino-UNO servant à commander le circuit L293D de gestion des moteurs.
- Lignes 11 et 13. Déclaration des entrées analogiques sur lesquelles sont raccordés les potentiomètres du joystick.
- Lignes 15 et 16. Ces variables mémorisent les valeurs des positions des potentiomètres comprises entre 0 et 1023.
- Lignes 20 à 24. Configuration des lignes de commande en sortie et appel de la procédure de freinage pour l'arrêt des moteurs.
- Lignes 28 et 29. Lecture de la position des deux potentiomètres du joystick et mémorisation des valeurs dans les variables.
- Lignes 31 à 39. Ces cinq tests logiques analysent les valeurs des deux variables pour effectuer les manœuvres adéquates sur les deux moteurs. Notez les multiples « ET » logiques permettant de travailler sur plusieurs comparaisons consécutives.
- Lignes 44 à 62. Ces cinq procédures personnelles commandent les cinq manœuvres possibles des moteurs : frein, marche avant, marche arrière, virage à droite et virage à gauche. Pour chacune d'elles, il suffit d'appliquer le niveau logique voulu aux quatre entrées du L293D. Chaque entrée gère un demi-pont en « H », il en faut donc deux par moteur.

Si les moteurs ne tournent pas dans le sens souhaité, il suffit d'inverser les fils de l'un ou des deux moteurs.

```
 1 //==================================================================
 2 //===       ARDUINO-UNO EN PRATIQUE    ---    (c) Yves MERGY 2016    ===
 3 //===                        Projet N°18                           ===
 4 //===       Base robotique à deux moteurs DC gérée par un joystick ===
 5 //==================================================================
 6
 7 //----- CONSTANTES ------------------------------------------------
 8 #define MA2 8    // Entrée 2 du moteur A sur la ligne 8
 9 #define MA1 9    // Entrée 1 du moteur A sur la ligne 9
10 #define MB1 10   // Entrée 1 du moteur B sur la ligne 10
11 #define MB2 11   // Entrée 2 du moteur B sur la ligne 11
12 #define POTA 0   // Potentiomètre A du joystick sur la ligne A0
13 #define POTB 1   // Potentiomètre B du joystick sur la ligne A1
14 //----- VARIABLES -------------------------------------------------
15 int VALA = 0;    // Variable de lecture du potentiomètre A
16 int VALB = 0;    // Variable de lecture du potentiomètre B
17
18 //--------------- PROCEDURE D'INITIALISATION ---------------------
19 void setup() {
20     pinMode(MA1, OUTPUT);   // Commande 1 du moteur A en sortie
21     pinMode(MA2, OUTPUT);   // Commande 2 du moteur A en sortie
22     pinMode(MB1, OUTPUT);   // Commande 1 du moteur B en sortie
23     pinMode(MB2, OUTPUT);   // Commande 2 du moteur B en sortie
24     FREIN();                // Moteurs A et B arrêtés au début
25 }
26 //--------------- BOUCLE PRINCIPALE ------------------------------
27 void loop() {
28     VALA = analogRead(POTA);   // Lecture de la valeur du potentiomètre A
29     VALB = analogRead(POTB);   // Lecture de la valeur du potentiomètre B
30     // Si le joystick est au centre : Moteurs arrêtés
31     if (VALA < 560 && VALA > 462 && VALB < 562 && VALB > 462){FREIN();}
32     // Si le joystick est en position avant : Marche avant
33     if (VALB > 560 && VALA < 562 && VALA > 462){MAAV();}
34     // Si le joystick est en position arrière : Marche arrière
35     if (VALB < 462 && VALA < 562 && VALA > 462){MAAR();}
36     // Si le joystick est en position gauche : Virage à gauche
37     if (VALA > 560 && VALB < 562 && VALB > 462){VIRG();}
38     // Si le joystick est en position droite : Virage à droite
39     if (VALA < 462 && VALB < 562 && VALB > 462){VIRD();}
40 }
41
42 //----- PROCEDURES PERSONNELLES (GESTION DES MOTEURS) -------------
43
44 void FREIN(){     // Procédure de FREINAGE
45     digitalWrite(MA1, LOW); digitalWrite(MA2, LOW);
46     digitalWrite(MB1, LOW); digitalWrite(MB2, LOW);
47 }
48 void MAAR(){      // Procédure de marche AVANT
49     digitalWrite(MA1, HIGH); digitalWrite(MA2, LOW);
50     digitalWrite(MB1, LOW); digitalWrite(MB2, HIGH);
```

Figure 3.42-A Croquis du projet N°18 (début)

160

```
51 }
52 void MAAV(){        // Procédure de marche ARRIERE
53     digitalWrite(MA1, LOW); digitalWrite(MA2, HIGH);
54     digitalWrite(MB1, HIGH); digitalWrite(MB2, LOW);
55 }
56 void VIRD(){        // Procédure de virage à DROITE
57     digitalWrite(MA1, HIGH); digitalWrite(MA2, LOW);
58     digitalWrite(MB1, HIGH); digitalWrite(MB2, LOW);
59 }
60 void VIRG(){        // Procédure de virage à GAUCHE
61     digitalWrite(MA1, LOW); digitalWrite(MA2, HIGH);
62     digitalWrite(MB1, LOW); digitalWrite(MB2, HIGH);
63 }
```

Figure 3.42-B Croquis du projet N°18 (fin)

EXERCICE

Modifiez le câblage et le croquis pour émettre des bips sonores durant la marche arrière et allumer des leds, simulant des phares, pour la marche avant. Le circuit L293D permet d'obtenir une variation de la vitesse avec des signaux PWM sur les entrées « VAL », mais il faudrait modifier notre platine pour cette option.

3.19 – UN ENCODEUR GÈRE UN CIRCUIT DE PUISSANCE

PRÉSENTATION

Vous avez certainement l'habitude d'employer un potentiomètre pour faire varier l'intensité lumineuse d'un éclairage, ou la vitesse de rotation d'un moteur. Nous vous proposons d'utiliser un autre organe de commande : un encodeur rotatif incrémental. Malgré sa mise en œuvre par programmation, celui-ci présente de nombreux avantages. Il est possible de prendre en compte la progressivité de la rotation de son axe. Le compteur programmé qu'il gère n'a pas de limites, hormis celles que vous imposez dans le programme. Il n'a pas de butée mécanique (rotation sur 360°). Le contact actionné par l'appui en bout d'axe peut servir de validation ou prendre toute autre fonction. L'étude précédente de ce composant et le graphique de la **figure 2.37** permettent de comprendre son fonctionnement.

La présente application utilise une ampoule de véhicule en 12V de 21W en guise de charge, commandée par une interface à transistor de puissance MOSFET. Un moteur à courant continu, un bandeau à leds, ou tout autre actionneur répondant à un signal de puissance PWM pourrait parfaitement convenir. L'afficheur LCD visualise la progression du compteur puis, le signal est envoyé en temps réel à la charge. La rotation dans le sens horaire augmente la valeur du compteur, la rotation inverse la diminue et un appui sur la touche en bout d'axe remet le compteur à zéro et de ce fait, inhibe la charge.

SCHÉMA DE CÂBLAGE

Pour cette expérimentation alimentée par le cordon USB et par une source de puissance externe, suivez le plan de câblage N°15 de la **figure 3.43** et préparez le matériel suivant :

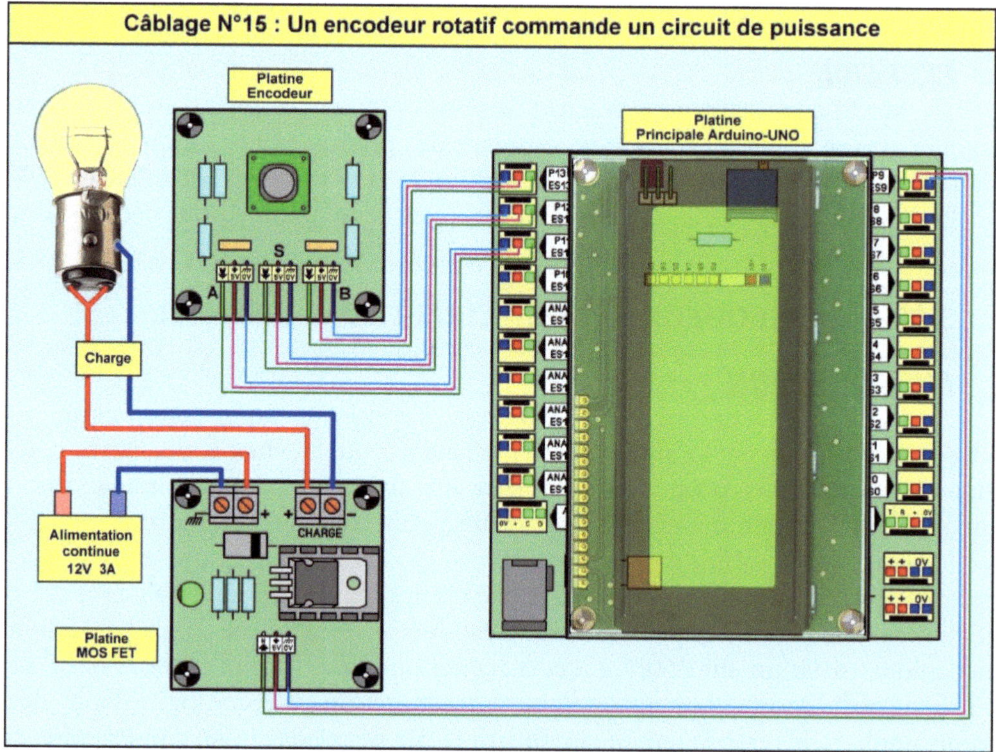

Figure 3.43   Plan de câblage N°15

- La platine principale supportant le module Arduino-UNO,
- 1 Platine encodeur rotatif incrémental,

- La platine supportant l'afficheur LCD de 4x20 caractères, embrochée sur la platine principale.
- 1 Platine interface de puissance à transistor MOSFET,
- 1 ampoule de véhicule 12V et 21W (voir texte),
- Alimentation externe 12 volts 3A (Batterie par exemple).
- 3 Cordons à 2 connecteurs à 3 broches femelles et des fils de câblage.

PROGRAMMATION

Ouvrez le logiciel « ARDUINO » et saisissez ou chargez le croquis « *Projet_19* » représenté sur les **figures 3.44**.

- Lignes 7 à 17. Déclaration de la librairie additionnelle de l'afficheur LCD, des constantes et des variables.
- Lignes 20 à 28. La procédure « *setup* » configure en entrée les trois broches pour l'encodeur, initialise l'afficheur LCD et affiche les messages nécessaires qui ne doivent pas changer.
- Ligne 33. La boucle principale débute par un test de l'état logique de la touche en bout d'axe afin de remettre le compteur à zéro.
- Ligne 34. Appel de la procédure personnelle gérant la rotation de l'encodeur.
- Lignes 35 et 36. Test et traitement des butées (haute et basse) du compteur afin de rester dans l'éventail compris entre 0 et 255.
- Lignes 37 à 41. Si la valeur du compteur à changé par rapport à la lecture précédente, elle s'affiche en remplacement de l'ancienne, elle est envoyée pour commander la charge en mode PWM, puis elle est mémorisée dans la variable « *MEM_CPT* » en vue d'une future comparaison.
- Lignes 46 à 64. La procédure personnelle de gestion de la rotation de l'encodeur débute par la lecture de l'état logique des contacts « A » et « B ». S'ils restent tous deux bloqués sur zéro, la procédure s'interrompt. Sinon, en fonction des résultats obtenus, le sens de rotation détermine si le compteur doit s'incrémenter ou se décrémenter.

EXERCICE

Modifiez l'affichage pour voir une barre horizontale progressive en plus des valeurs numériques.

```
1  //================================================================
2  //===       ARDUINO-UNO EN PRATIQUE    ---    (c) Yves MERGY 2016    ===
3  //===                        Projet N°19                            ===
4  //===     UN ENCODEUR ROTATIF COMMANDE UNE CHARGE DE PUISSANCE      ===
5  //================================================================
6  //----- AJOUT DE LIBRAIRIES ADDITIONNELLES ----------------------
7  #include <LiquidCrystal.h>  // Librairie pour l'afficheur alphanumérique LCD
8  //----- CONSTANTES ---------------------------------------------
9  LiquidCrystal lcd(2,3,4,5,6,7); // RS=2, RW=GND, EN=3, D4=4, D5=5, D6=6, D7=7
10 #define ST 12      // TOUCHE de l'encodeur sur la ligne d'E/S 12
11 #define SA 11      // Sortie A de l'encodeur sur la ligne d'E/S 11
12 #define SB 13      // Sortie B de l'encodeur sur la ligne d'E/S 13
13 #define CHARGE 9   // Sortie pour la CHARGE sur la ligne d'E/S 9
14 //----- VARIABLES ----------------------------------------------
15 int CPT = 0;          // Variable de comptage
16 int MEM_CPT = 0;      // Variable de comptage
17 long Mem_Temps = 0;   // Mémorisation du temps écoulé sur position 0
18 //--------------- PROCEDURE D'INITIALISATION --------------------
19 void setup() {
20   pinMode(ST, INPUT); // Ligne pour ST en entrée
21   pinMode(SA, INPUT); // Ligne pour SA en entrée
22   pinMode(SB, INPUT); // Ligne pour SB en entrée
23   lcd.begin(20, 4);   // Afficheur de 20 caractères sur 4 lignes
24   // Affichage des textes invariables
25   lcd.setCursor(0, 0); lcd.print("GAUCHE = DECROISSANT");
26   lcd.setCursor(0, 1); lcd.print("DROITE = CROISSANT  ");
27   lcd.setCursor(0, 2); lcd.print(" APPUI = REMISE A 0 ");
28   lcd.setCursor(0, 3); lcd.print("COMPTEUR = 0        ");
29 }
30 //--------------- BOUCLE PRINCIPALE ----------------------------
31 void loop() {
32   // Compteur remis à 0 si la touche est actionnée
33   if(digitalRead(ST) == 0){CPT = 0;}
34   Rotation (); // Appel de la procédure d'analyse de l'encodeur
35   if(CPT > 255){CPT = 255;}  // Analyse de la butée haute
36   if(CPT < 0){CPT = 0;}      // Analyse de la butée basse
37   if(CPT != MEM_CPT){        // Si le comteur a changé ...
38     lcd.setCursor(11, 3); lcd.print("    "); // ... Effacement
39     lcd.setCursor(11, 3); lcd.print(CPT,DEC); // ... Nouvel affichage
40     analogWrite(CHARGE,CPT); // Envoi de la valeur à l'étage de puissance
41     MEM_CPT = CPT; // ... et mémorisation de la nouvelle valeur
42   }
43 }
44
45 //----- PROCEDURE PERSONNELLE (ANALYSE DE L'ENCODEUR) -----------
46 void Rotation() {
47   byte AA, PA, BB, PB = 0; // Variables locales
48   AA = digitalRead(SA);    // Lecture de la sortie A
49   BB = digitalRead(SB);    // Lecture de la sortie B
50   if (AA == 0 && BB == 0){ // Si A et B sont sur 0 ...
```

Figure 3.44-A Croquis du projet N°19 (début)

```
51    while (AA == 0 && BB == 0){ // Tant que A et B sont sur 0 ...
52      // Si l'encodeur reste sur cette position plus de 100 mS,
53      // La boucle d'attente est interrompue.
54      unsigned long Actuel = millis();
55      if(Actuel - Mem_Temps > 100) {
56        Mem_Temps = Actuel;
57        break;
58      }
59      AA = digitalRead(SA);   // Lecture de la sortie A
60      BB = digitalRead(SB);   // Lecture de la sortie B
61      // Si A est passé à 1 et B reste à 0, le compteur est incrémenté
62      if (AA == 1 && BB == 0){CPT++;}
63      // Si A reste à 0 et B est passé à 0, le compteur est décrémenté
64      if (AA == 0 && BB == 1){CPT--;}
65    }
66  }
67 }
```

Figure 3.44-B Croquis du projet N°19 (fin)

3.20 – DEUX AFFICHEURS 7 SEGMENTS AVEC DES 74HC595

PRÉSENTATION

Ce livre s'article autour du module Arduino-UNO et vous l'avez certainement noté, le nombre de broches d'entrée / sortie est relativement restreint. Si votre projet en requiert davantage, vous pouvez toujours vous orienter vers un module Arduino-MEGA plus onéreux, mais vous atteindrez vite ses limites. Dans l'éventualité où vous manquez de sorties numériques, nous vous proposons une solution pratiquement sans limites basé sur le module Arduino-UNO : employer des registres à décalage 74HC595 fonctionnant par le port « SPI » avec seulement 3 fils.

Notre application en utilise deux, à titre d'exemple, pour gérer deux afficheurs 7 segments à leds et ainsi, obtenir un compteur / décompteur perpétuel de 0 à 99. Ce simple projet, nécessite 14 sorties mais vous pourriez sur le même principe en obtenir plusieurs centaines ! De cette manière, il est possible de concevoir une animation lumineuse digne des grands magasins.

SCHÉMA DE CÂBLAGE

Pour cette expérimentation alimentée par le cordon USB, suivez le plan de câblage N°16 de la **figure 3.45** et préparez le matériel suivant :

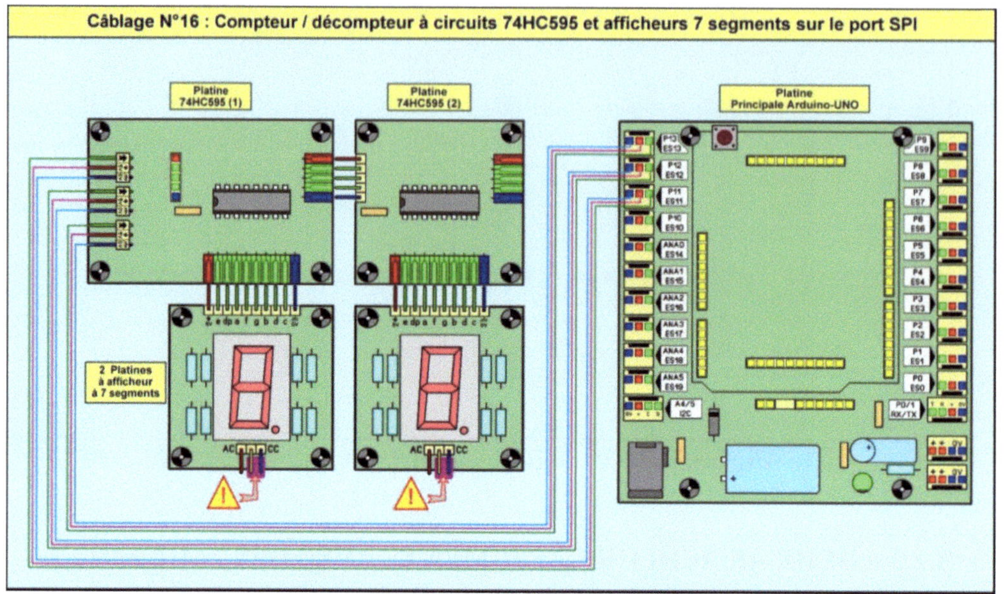

Figure 3.45 Plan de câblage N°16

- La platine principale supportant le module Arduino-UNO,
- 2 Platines avec un afficheur 7 segments à cathode commune,
- 1 Platine primaire à registre à décalage 75HC595,
- 1 Platine secondaire à registre à décalage 75HC595,
- 3 Cordons à 2 connecteurs à 3 broches femelles.

PROGRAMMATION

Ouvrez le logiciel « ARDUINO » et saisissez ou chargez le croquis « *Projet_20* » représenté sur les **figures 3.46**.

- Lignes 7 à 9. Déclaration des constantes désignant les sorties du module Arduino-UNO gérant les circuits 74HC595 par le port « SPI ». Voyez cette autre méthode de déclaration de constantes.

- Lignes 12 à 18. Déclaration des variables. Notez, en ligne 18, la manière de déclarer un tableau de 10 valeurs correspondant aux segments à alimenter pour obtenir les 10 chiffres de 0 à 9.

- Lignes 22 à 24. La procédure « *setup* » configure les trois lignes du port « SPI » en sorties.

166

```
1 //=============================================================
2 //===     ARDUINO-UNO EN PRATIQUE   ---   (c) Yves MERGY 2016    ===
3 //===                      Projet N°20                          ===
4 //=== 2 AFFICHEURS 7 SEGMENTS COMMANDES PAR 2 CIRCUITS 74HC595 ===
5 //=============================================================
6 //----- CONSTANTES ------------------------------------------
7 int SHCP = 11; // Broche d'horloge "SHCP" sur la ligne P11
8 int STCP = 12; // Broche de validation "STCP" sur la ligne P12
9 int DS = 13;   // Broche de données "DS" sur la ligne P13
10
11 //----- VARIABLES -------------------------------------------
12 float VAL_G = 0; // Variable de calcul intermédiaire pour l'afficheur G
13 int AFF_G = 0;   // Variable de la valeur à envoyer à l'afficheur G
14 float VAL_D = 0; // Variable de calcul intermédiaire pour l'afficheur D
15 int AFF_D = 0;   // Variable de la valeur à envoyer à l'afficheur G
16 int TEMPS = 500; // Vitesse de comptage = 500 mS
17 // Tableau des valeurs correspondant à l'affichage des chiffres 0 à 9
18 int CHIFFRE[10] = {237,160,117,244,184,220,221,164,253,252};
19
20 //--------------- PROCEDURE D'INITIALISATION ----------------------
21 void setup() {
22   pinMode(SHCP, OUTPUT); // Ligne P11 en sortie
23   pinMode(STCP, OUTPUT); // Ligne P12 en sortie
24   pinMode(DS, OUTPUT);   // Ligne P13 en sortie
25 }
26
27 //--------------- BOUCLE PRINCIPALE ------------------------------
28 void loop() {
29   // ----- COMPTAGE de 0 à 99
30   for (int COMPTEUR=0; COMPTEUR<100; COMPTEUR++){
31     ENVOI(COMPTEUR); // Appel de la procédure d'envoi
32   }
33   delay(1000); // Temporisation de 1 seconde avant le décomptage
34   // ----- DECOMPTAGE de 99 à 0
35   for (int COMPTEUR=99; COMPTEUR>=0; COMPTEUR--){
36     ENVOI(COMPTEUR); // Appel de la procédure d'envoi
37   }
38   delay(1000); // Temporisation de 1 seconde avant le comptage
39 }
40
41 //--------------- PROCEDURE D'ENVOI D'UNE VALEUR ----------------
42 void ENVOI(int VALEUR){
43   digitalWrite(STCP, LOW);         // Broche de validation à 0
44   shiftOut(DS, SHCP, MSBFIRST, 0); // Afficheur Droit éteint
45   shiftOut(DS, SHCP, MSBFIRST, 0); // Afficheur Gauche éteint
46   digitalWrite(STCP, HIGH);        // Validation à 1 pour l'affichage des données
47   VAL_D = VALEUR%10;   // Calcul du reste de la division par 10 pour l'afficheur Droit ...
48   AFF_D = int(VAL_D);  // ... transformation du reste en un entier pour l'afficheur Droit.
49   VAL_G = VALEUR/10;   // Division par 10 pour la valeur de l'afficheur Gauche ...
50   AFF_G = int(VAL_G);  // ... transformation en un entier pour l'afficheur Gauche.
```

Figure 3.46-A Croquis du projet N°20 (début)

```
51  digitalWrite(STCP, LOW);                              // Validation à 0
52  shiftOut(DS, SHCP, MSBFIRST, CHIFFRE[AFF_D]);         // Envoi de la valeur à l'afficheur Droit
53  if (AFF_G == 0){                                      // Test si le compteur vaut moins de 10 ...
54    shiftOut(DS, SHCP, MSBFIRST,0);}                    // ... extinction de l'afficheur Gauche ...
55  else{                                                 // ... sinon ...
56    shiftOut(DS, SHCP, MSBFIRST, CHIFFRE[AFF_G]);       // Envoi de la valeur à l'afficheur Gauche .
57  }
58  digitalWrite(STCP, HIGH);          // Broche de validation à 1 pour l'affichage des données
59  delay(TEMPS);   // Temporisation avant l'incrémention ou la décrémentation du compteur
60 }
```

Figure 3.46-B Croquis du projet N°20 (fin)

- Lignes 29 à 38. La boucle principale se compose d'une boucle « *for* » de 100 pas (de 0 à 99) pour le comptage, d'une temporisation d'une seconde à la fin, puis de la même boucle et de la même temporisation pour le décomptage. Notez au passage l'appel de la procédure personnelle « ***ENVOI*** » avec un passage de la variable globale « ***COMPTEUR*** ».

- Lignes 43 à 59. La procédure personnelle reçoit la variable à traiter, éteint les deux afficheurs, calcule la valeur à extraire du tableau pour l'envoyer sur chaque afficheur et applique une temporisation avant le prochain traitement.

EXERCICE

Modifiez l'affichage pour voir une animation lumineuse des 14 segments (pour les 2 afficheurs).

3.21 – GESTION DE 8 LEDS SUR LE PORT I²C

PRÉSENTATION

Avec cette application, nous débutons la programmation des composants gérés par le port I²C. Nous l'avons précédemment précisé, le port I²C comporte 2 lignes et permet d'en commander une multitude, ainsi que de nombreux composants. Ils se raccordent tous en parallèle et répondent à une adresse spécifique. Il est bien sûr possible de les relier les uns aux autres, ou de passer par le module distributeur I²C.

Ce premier projet utilise le circuit PCF8574 pour commander 8 sorties. Nous verrons ultérieurement, avec le projet du paragraphe 3.22, qu'il est possible d'employer ses 8 lignes en entrées ou en sorties. Chaque sortie est commandée individuellement. Nous allons produire une animation lumineuse de 42 motifs sur 8 leds en ligne disposées sur un « bargraphe ». Nous employons un tableau

168

déclaré en constante regroupant toutes les valeurs. Nous utiliserons à nouveau ce principe au cours de nos futurs projets.

SCHÉMA DE CÂBLAGE

Pour cette expérimentation alimentée par le cordon USB, suivez le plan de câblage N°17 de la **figure 3.47** et préparez le matériel suivant :

- La platine principale supportant le module Arduino-UNO,
- 1 Platine bargraphe à 10 leds,
- 1 Platine primaire I^{2}C à circuit PCF8574,
- 1 Cordon à 2 connecteurs à 4 broches femelles.

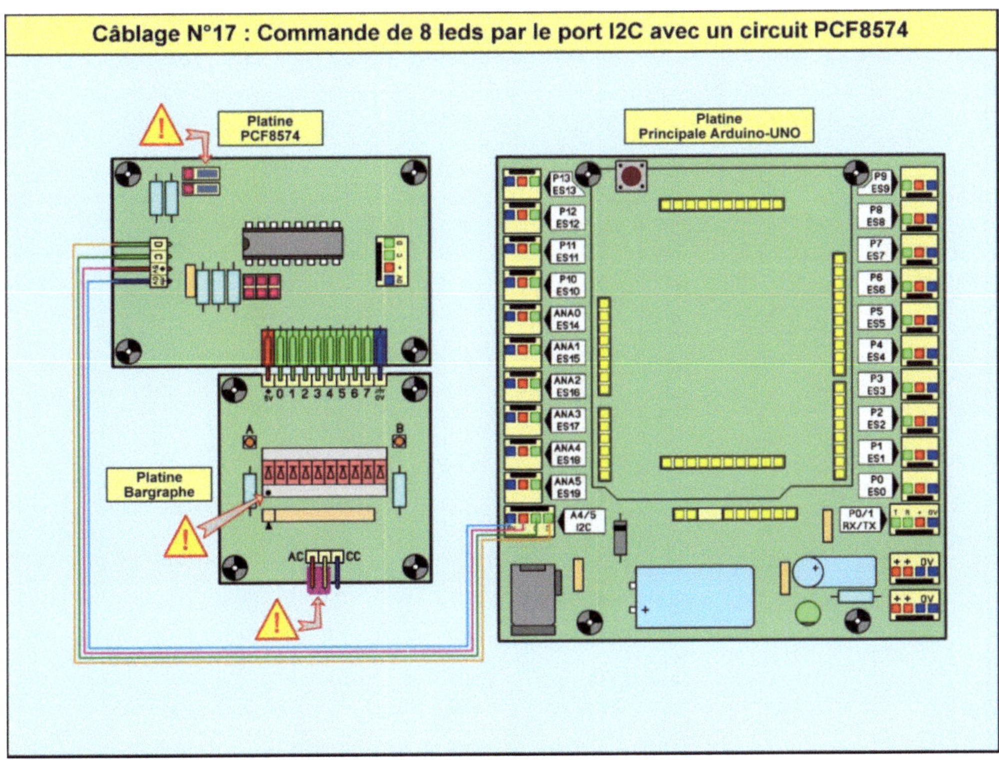

Figure 3.47   Plan de câblage N°17

Ouvrez le logiciel « ARDUINO » et saisissez ou chargez le croquis « **Projet_21** » représenté sur la **figure 3.48**.

- Lignes 8. Déclaration de la librairie additionnelle « **Wire.h** » chargée de gérer le port I^{2}C. Celle-ci fait partie de l'archive d'origine du logiciel ARDUINO.

```
 1 //=================================================================
 2 //===      ARDUINO-UNO EN PRATIQUE    ---    (c) Yves MERGY 2016    ===
 3 //===                            Projet N°21                       ===
 4 //===     COMMANDE DE 8 LEDS EN I2C AVEC UN CIRCUIT PCF8574         ===
 5 //=================================================================
 6
 7 //----- AJOUT D'UNE LIBRAIRIE ADDITIONNELLE ----------------------
 8 #include <Wire.h>      // Librairie pour gérer le protocole I2C
 9
10 //----- CONSTANTES ----------------------------------------------
11 #define Adresse_0 32    // Adresse du PCF8574
12 uint8_t Motif[42] = {  // Tableau des motifs pour le bargraphe
13 1,2,4,8,16,32,64,128,129,130,132,136,144,160,
14 192,193,194,196,200,208,224,225,226,228,232,
15 240,241,242,244,248,249,250,252,254,255,
16 64,32,16,8,4,2,1
17 };
18
19 //----- VARIABLE ------------------------------------------------
20 int Tempo = 200;  // Variable de la temporisation
21
22 //-------------- PROCEDURE D'INITIALISATION ---------------------
23 void setup(){
24   Wire.begin();    // Initialisation du protocole I2C
25 }
26 //-------------- BOUCLE PRINCIPALE ------------------------------
27 void loop(){
28   for (int i=0; i<42; i++){  // Boucle des 42 valeurs
29     Wire.beginTransmission(Adresse_0); // Ouverture transmission
30     Wire.write(255-Motif[i]);          // Envoi de la valeur
31     Wire.endTransmission();            // Fermeture transmission
32     if (i<35){delay(Tempo);};    // Tempo pour les 34 premiers motifs
33     if (i>34){delay(Tempo/10);}; // Tempo pour les 8 derniers motifs
34   }
35 }
```

Figure 3.48   Croquis du projet N°21

- Ligne 11. Cette constante détermine l'adresse de base du circuit PCF8574. Dans l'éventualité où plusieurs circuits du même type seraient employés, il faudrait définir une adresse pour chacun d'eux et configurer les cavaliers en conséquence.
- Lignes 12 à 16. Déclaration d'un tableau correspondant aux 42 valeurs des motifs à afficher sur le bargraphe.
- Ligne 20. Cette variable comporte le délai de temporisation. Cette méthode permet de ne modifier qu'une variable pour changer, au besoin, toutes les temporisations du croquis.
- Ligne 24. La procédure « ***setup*** » initialise la liaison I^{2}C avant de pouvoir l'utiliser.
- Lignes 28 à 31. La boucle principale comporte une boucle « ***for*** » de 42 pas dans laquelle les 42 valeurs sont envoyées à tour de rôle au circuit PCF8574.
- Lignes 32 et 33. La durée de la temporisation entre chaque motif diffère et dépend du pas actuel de la boucle « ***for*** ».

EXERCICE

Modifiez le croquis pour afficher 255 motifs différents sur le bargraphe avec plusieurs niveaux de temporisation et des pauses plus longues après certaines séquences.

3.22 – AFFICHEUR 7 SEGMENTS ET 8 TOUCHES EN I^{2}C

PRÉSENTATION

Avec cette application, nous montrons comment relier ensemble deux circuits I^{2}C PCF8574, l'un en entrée et l'autre en sortie. Le résultat obtenu est assez simple afin de ne pas entraver la compréhension du croquis. L'afficheur à 7 segments est connecté au premier configuré en sortie. Un clavier à 8 touches est raccordé au second circuit PCF8574 utilisé en entrée. L'Arduino-UNO interroge le second, mémorise la valeur, l'adapte en conséquence et l'envoie au premier pour allumer les segments souhaités afin de représenter un chiffre correspondant à la touche actionnée. Le principe de base reste identique à celui du précédent projet. Il va de soi que plusieurs autres circuits I^{2}C pourraient prendre place sur le même bus (liaison I^{2}C).

SCHÉMA DE CÂBLAGE

Pour cette expérimentation alimentée par le cordon USB, suivez le plan de câblage N°18 de la **figure 3.49** et préparez le matériel suivant :

- La platine principale supportant le module Arduino-UNO,
- 1 Platine afficheur 7 segments à anode commune,
- 1 Platine à 8 touches miniatures,
- 1 Platine primaire I^{2}C à circuit PCF8574,
- 1 Platine secondaire I^{2}C à circuit PCF8574,
- 1 Cordon à 2 connecteurs à 4 broches femelles.

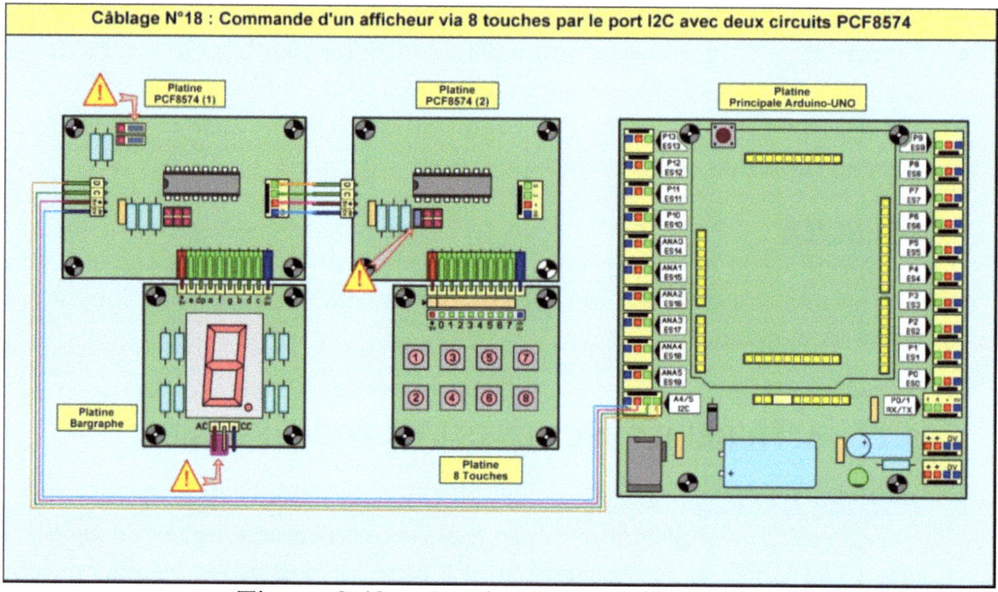

Figure 3.49 Plan de câblage N°18

PROGRAMMATION

Ouvrez le logiciel « ARDUINO » et saisissez ou chargez le croquis « *Projet_22* » représenté sur la **figure 3.50**.

- Lignes 8. Déclaration de la librairie additionnelle « *Wire.h* » chargée de gérer le port I^{2}C. Celle-ci fait partie de l'archive d'origine du logiciel ARDUINO.

```
1 //================================================================
2 //===       ARDUINO-UNO EN PRATIQUE    ---    (c) Yves MERGY 2016     ===
3 //===                         Projet N°22                            ===
4 //===   COMMANDE DE 8 LEDS ET 8 TOUCHES EN I2C AVEC DEUX PCF8574 ===
5 //================================================================
6
7 //----- AJOUT D'UNE LIBRAIRIE ADDITIONNELLE -----------------------
8 #include <Wire.h>     // Librairie pour gérer le protocole I2C
9
10 //----- CONSTANTES -----------------------------------------------
11 #define Adresse_0 32    // Adresse du PCF8574 en sortie
12 #define Adresse_1 33    // Adresse du PCF8574 en entrée
13
14 //----- VARIABLES ------------------------------------------------
15 byte E_Valeur = 0;   // Variable de lecture des 8 touches
16 byte S_Valeur = 0;   // Variable de sortie pour l'afficheur
17
18 //---------------- PROCEDURE D'INITIALISATION --------------------
19 void setup(){
20   Wire.begin();    // Initialisation du protocole I2C
21 }
22
23 //---------------- BOUCLE PRINCIPALE -----------------------------
24 void loop(){
25   Wire.requestFrom(Adresse_1,1); // Ouverture transmission entrées
26   if(Wire.available()){          // Test communication prête
27     E_Valeur = Wire.read();      // Lecture d'un octet
28   }
29   // Aucune touche n'est actionnée: l'afficheur reste éteint
30   if (E_Valeur==255){S_Valeur = 255;};
31   // Une touche est actionnée: affichage du chiffre correspondant
32   if(E_Valeur<255){
33     if (E_Valeur==255-1){S_Valeur = 255-160;};
34     if (E_Valeur==255-2){S_Valeur = 255-117;};
35     if (E_Valeur==255-4){S_Valeur = 255-244;};
36     if (E_Valeur==255-8){S_Valeur = 255-184;};
37     if (E_Valeur==255-16){S_Valeur = 255-220;};
38     if (E_Valeur==255-32){S_Valeur = 255-221;};
39     if (E_Valeur==255-64){S_Valeur = 255-164;};
40     if (E_Valeur==255-128){S_Valeur = 255-253;};
41   }
42   Wire.beginTransmission(Adresse_0); // Ouverture transmission sorties
43   Wire.write(S_Valeur);              // Envoi valeur à l'afficheur
44   Wire.endTransmission();            // Fermeture transmission
45 }
```

Figure 3.50 Croquis du projet N°22

- Lignes 11 et 12. Nous utilisons 2 circuits PCF8574 sur le même bus I^2C ; l'un en sortie et l'autre en entrée. Il faut donc déclarer deux constantes pour l'adresse de chacun d'eux, en prenant soin de positionner les cavaliers en conséquence, comme indiqué sur le plan de câblage.

- Lignes 15 et 16. Les deux variables servent à mémoriser la valeur lue sur les entrées et celle à envoyer aux sorties.

- Ligne 20. La procédure « ***setup*** » ne comporte que l'initialisation de la liaison I^2C avant de pouvoir l'utiliser.

- Lignes 25 à 27. Après l'ouverture et le test de la transmission du circuit des entrées, la valeur lue est mémorisée.

- Ligne 30. Si aucune touche n'est actionnée, les segments de l'afficheur restent éteints.

- Lignes 32 à 40. Lorsqu'une touche est actionnée, sa valeur est mémorisée après traitement. Notez que nous travaillons en logique négative : il convient de soustraire la valeur souhaitée à 255.

- Lignes 42 à 44. Après l'ouverture et le test de la transmission du circuit des sorties, la valeur mémorisée est envoyée à l'afficheur pour alimenter les segments correspondant.

EXERCICE

Modifiez le croquis pour afficher une animation des segments différente pour chaque touche actionnée.

3.23 – HORLOGE / ALARME EN TEMPS RÉEL SUR LE PORT I²C

PRÉSENTATION

Nous avons terminé l'étude du circuit PCF8574 et passons à un autre tout aussi intéressant : le DS1307. Celui-ci, très sophistiqué, malgré sa taille réduite, intègre une horloge en temps réel gérée par le port I^2C. Nous avons essayé de tirer le meilleur profit de ce circuit. Notre projet permet d'inscrire, sur un afficheur LCD de 4 lignes de 20 caractères, la date complète, l'heure et de gérer une alarme sonore et visuelle. Il ne s'agit là que d'un projet pédagogique, aucun organe externe ne permet le paramétrage des données actuelles et de l'alarme. Tout se fait par programmation dans le croquis. Les plus ambitieux de nos lecteurs modifieront cette application pour l'équiper de ces fonctions. Pour ce projet, vous devez télécharger et installer la librairie "***RTClib***" à partir du lien Internet donné au paragraphe 1.6. La procédure d'installation des librairies additionnelles y est également décrite.

SCHÉMA DE CÂBLAGE

Pour cette expérimentation alimentée par le cordon USB, suivez le plan de câblage N°19 de la **figure 3.51** et préparez le matériel suivant :

- La platine principale supportant le module Arduino-UNO,
- La platine supportant l'afficheur LCD de 4x20 caractères, embrochée sur la platine principale.
- 1 Platine horloge en temps réel I^{2}C à base du circuit DS1307,
- 1 Platine buzzer piezo,
- 1 Platine à une led simple,
- 1 Cordon à 2 connecteurs à 4 broches femelles.
- 2 Cordons à 2 connecteurs à 3 broches femelles.

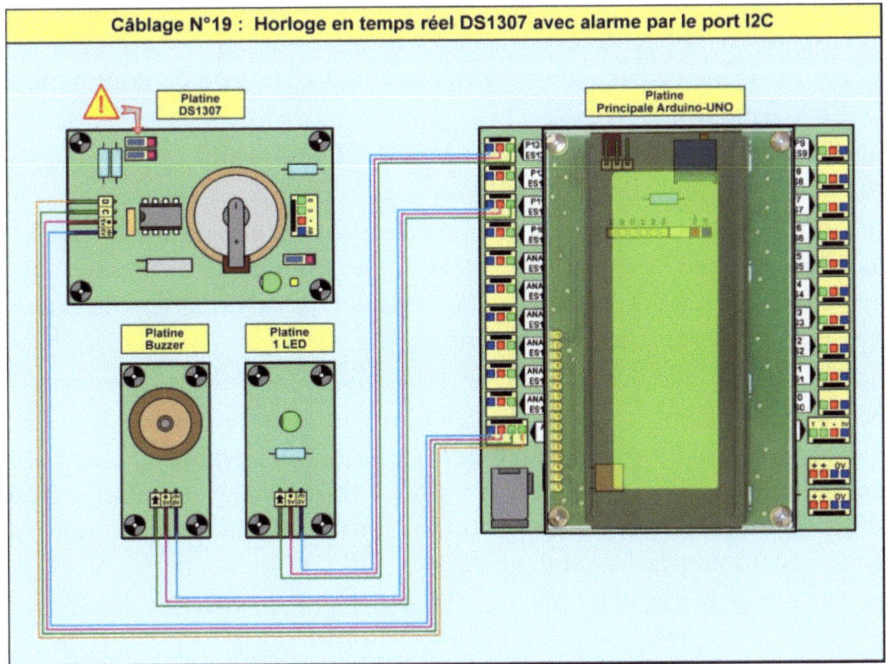

Figure 3.51 Plan de câblage N°19

PROGRAMMATION

Ouvrez le logiciel « ARDUINO » et saisissez ou chargez le croquis « ***Projet_23*** » représenté sur les **figures 3.52**.

- Lignes 10 à 12. Déclaration des librairies additionnelles. Pensez à télécharger et à installer la librairie « ***RTClib.h*** », celle-ci ne fait pas partie de l'archive d'origine du logiciel ARDUINO.

- Ligne 15. Avant de faire appel à la librairie « ***RTClib .h*** », il convient de créer un objet virtuel. Nous l'avons nommé « ***RTC*** », mais tout autre nom répondant aux impératifs du langage pourrait convenir.

- Lignes 16. Déclaration des broches attribuées à l'afficheur LCD.

- Lignes 17 et 18. Définition des broches gérant le buzzer et la led.

- Ligne 21. Cette variable sert à afficher l'année au bon emplacement.

- Ligne 25. Initialisation de la liaison I^2C au sein du « ***setup*** ».

- Ligne 27. Afin de ne pas choisir une date et une heure arbitraire, l'horloge s'initialise avec celles de l'instant de la compilation du croquis.

- Ligne 32. Pour choisir une date et une heure précise, il suffit de supprimer le commentaire en début de cette ligne et de mentionner les données à votre convenance. Dans ce cas, pensez à déplacer les « slashs » de commentaire au début de la ligne 27.

- Lignes 33 à 35. Initialisation de l'afficheur LCD à 4 lignes de 20 caractères et configuration du sens des broches pour le buzzer et pour la led.

- Ligne 40. Lecture de toutes les données en provenance du circuit DS1307 et mémorisation dans la variable « ***now*** » (en français, ce terme signifie : maintenant). En sélectionnant la section voulue de la variable, nous obtenons la date, le jour, l'heure, les minutes, etc.

- Ligne 42. Positionnement du curseur pour afficher le jour de la semaine.

- Lignes 43 à 49. Cette série de 7 tests permettent de connaître le jour de la semaine à partir de « ***now.dayOfWeek*** », section de la variable « ***now*** ». Nous obtenons une valeur comprise entre 0 pour « dimanche » et 6 pour « samedi ». Il suffit alors d'afficher le jour en toutes lettres sur la ligne 0 à partir de la colonne 5, comme précisé en ligne 42.

- Ligne 51. Affichage de jour (de 1 à 31) à partir de « ***now.day*** », section de la variable « ***now*** » après positionnement du curseur sur la ligne 1 à la colonne 2.

```
 1
 2  //================================================================
 3  //===     ARDUINO-UNO EN PRATIQUE     ---    (c) Yves MERGY 2016    ===
 4  //===                       Projet N°23                            ===
 5  //===  HORLOGE / ALARME EN I2C AVEC LE CIRCUIT DS1307              ===
 6  //===  AFFICHAGE LCD : JOUR, DATE COMPLETE, HEURE ET ALARME        ===
 7  //================================================================
 8
 9  //----- AJOUT DE LIBRAIRIES ADDITIONNELLES ----------------------
10  #include <Wire.h>              // Librairie pour gérer le protocole I2C
11  #include <LiquidCrystal.h>  // Librairie pour l'afficheur alphanumérique LCD
12  #include "RTClib.h"            // Librairie pour le circuit d'horloge DS1307
13
14  //----- CONSTANTES ----------------------------------------------
15  RTC_DS1307 RTC; // Création de l'objet RTC pour le DS1307
16  LiquidCrystal lcd(2,3,4,5,6,7); // RS=2, RW=GND, EN=3, D4=4, D5=5, D6=6, D7=7
17  #define BUZ 11   // BUZZER piezo raccordé sur la ligne d'E/S 11
18  #define LED 13   // LED d'alarme raccordée sur la ligne d'E/S 13
19
20  //----- VARIABLE ------------------------------------------------
21  int COL = 0;     // Variable de la colonne de l'année
22
23  //--------------- PROCEDURE D'INITIALISATION --------------------
24  void setup () {
25    Wire.begin();    // Initialisation du protocole I2C
26    // Fixe la date et l'heure du DS1307 à l'instant de la compilation
27    RTC.adjust(DateTime(F(__DATE__), F(__TIME__)));
28    // Cette ligne fixe la date et l'heure du DS1307 à votre convenance
29    // à la placede la précédente.
30    // par exemple : pour le 31 décembre 2015 à 23h59 et 40 secondes
31    // vous devrez programmer la ligne suivante :
32    // rtc.adjust(DateTime(2015, 12, 31, 23, 59, 40));
33    pinMode(BUZ, OUTPUT);   // Broche en sortie pour le BUZZER PIEZO
34    pinMode(LED, OUTPUT);   // Broche en sortie pour la LED
35    lcd.begin(20, 4);       // Afficheur de 20 caractères sur 4 lignes
36  }
37
38  //--------------- BOUCLE PRINCIPALE -----------------------------
39  void loop () {
40    DateTime now = RTC.now();   // Mémorisation des informations
41    // Sélection et affichage du jour actuel
42    lcd.setCursor(5, 0);
43    if (now.dayOfWeek() == 0){lcd.print("DIMANCHE");}
44    if (now.dayOfWeek() == 1){lcd.print("LUNDI");}
45    if (now.dayOfWeek() == 2){lcd.print("MARDI");}
46    if (now.dayOfWeek() == 3){lcd.print("MERCREDI");}
47    if (now.dayOfWeek() == 4){lcd.print("JEUDI");}
48    if (now.dayOfWeek() == 5){lcd.print("VENDREDI");}
49    if (now.dayOfWeek() == 6){lcd.print("SAMEDI");}
50    // Affichage de la date actuelle
```

Figure 3.52-A Croquis du projet N°23 (début)

```
51  lcd.setCursor(2, 1); lcd.print(now.day(), DEC);
52  // Sélection et affichage du mois actuel
53  lcd.setCursor(5, 1);
54  if (now.month() == 1){lcd.print("JANVIER"); COL = 13;}
55  if (now.month() == 2){lcd.print("FEVRIER"); COL = 13;}
56  if (now.month() == 3){lcd.print("MARS"); COL = 10;}
57  if (now.month() == 4){lcd.print("AVRIL"); COL = 11;}
58  if (now.month() == 5){lcd.print("MAI"); COL = 9;}
59  if (now.month() == 6){lcd.print("JUIN"); COL = 10;}
60  if (now.month() == 7){lcd.print("JUILLET"); COL = 13;}
61  if (now.month() == 8){lcd.print("AOUT"); COL = 10;}
62  if (now.month() == 9){lcd.print("SEPTEMBRE"); COL = 15;}
63  if (now.month() == 10){lcd.print("OCTOBRE"); COL = 13;}
64  if (now.month() == 11){lcd.print("NOVEMBRE"); COL = 14;}
65  if (now.month() == 12){lcd.print("DECEMBRE"); COL = 14;}
66  // Affichage de l'année actuelle
67  lcd.setCursor(COL, 1); lcd.print(now.year(), DEC);
68  // Affichage de l'heure actuelle complète (H, M et S)
69  lcd.setCursor(2, 2);
70  lcd.print("IL EST : ");
71  lcd.print(now.hour(), DEC); lcd.print("/");
72  lcd.print(now.minute(), DEC); lcd.print("/");
73  lcd.print(now.second(), DEC);
74  // Test du jour et de l'heure pour le déclenchement de l'alarme
75  // Jour = 1 à 7 pour lundi à dimanche, heure = 0 à 23, minutes = 0 à 59
76  if(now.dayOfWeek() == 0 && now.hour() == 15 && now.minute() == 57) {
77    lcd.setCursor(0, 3); lcd.print("                    ");
78    lcd.setCursor(0, 3); lcd.print("-= HEURE D'ALARME =-");
79    tone(BUZ, 500, 100);
80    digitalWrite(LED,HIGH);}
81  else {
82    lcd.setCursor(0, 3); lcd.print("                    ");
83    lcd.setCursor(0, 3); lcd.print("-=- PAS D'ALARME -=-");
84    digitalWrite(LED,LOW);
85  }
86  delay(100);  // Pause générale de 100 mS entre 2 traitements
87 }
```

Figure 3.52-B Croquis du projet N°23 (fin)

- Lignes 53 à 65. De manière similaire, le mois s'affiche à partir de « ***now.month*** », section de la variable « ***now*** ».

- Ligne 67. L'année est extraite à partir de « ***now.year*** ».

- Lignes 69 à 73. Nous affichons maintenant les heures, les minutes et les secondes à partir de « ***now.hour*** », « ***now.minute*** » et « ***now.second*** » après une petite mise en forme de l'affichage.

- Ligne 76. Ce test détermine si le jour, l'heure et les minutes de l'alarme sont atteints. Les informations de comparaison sont choisies lors de la programmation ! Libre à vous d'en sélectionner d'autres à votre convenance.

- Lignes 77 à 80. Si les données d'alarme sont atteintes, nous obtenons un message, des bips sonores et l'allumage de la led. Cet état perdure tant que les conditions sont remplies.

- Lignes 81 à 84. Dans le cas contraire, le message informe qu'il n'y a pas d'alarme et la led s'éteint.

- Ligne 86. Une pause de 100 millisecondes est appliquée entre deux traitements des informations.

EXERCICE

Vous ne disposez d'aucun organe de commande (touches) pour interrompre l'alarme (bips sonores), pour régler l'heure actuelle ou l'heure d'alarme. Modifiez le câblage général et le croquis afin d'y ajouter tous ces perfectionnements.

3.24 – GESTION D'ÉCLAIREMENT A MÉMOIRE EEPROM I²C

PRÉSENTATION

Bien que disposant d'une mémoire EEPROM, le module Arduino-UNO ne permet pas d'enregistrer une grande quantité de données. Notre projet s'apparente à un appareil capable de mémoriser une information toutes les secondes (plus connu en anglais sous le nom de data-logger). Nous traitons le degré d'éclairement, mais il pourrait s'agir de n'importe quel type de donnée analogique : température, pression, tension, etc. A cette fréquence, il faut plus de 9 heures pour remplir la mémoire. En augmentant le délai entre deux mesures, notre enregistreur pourrait travailler pendant plusieurs jours et même plus d'une année s'il mémorise une information toutes les 20 minutes.

Ce composant, très courant et économique, fonctionne sur le même principe que tout autre composant I²C. Nous employons un circuit 24LC256, mais son grand frère 24LC512 possède deux fois plus de capacité. Son adresse I²C est 80 au format décimal et il est possible d'en raccorder 8, adressés entre 80 et 87. Dans ces conditions, imaginez la puissance de votre enregistreur !

Compte tenu du grand nombre d'informations à afficher, nous utilisons le terminal de l'ordinateur, qu'il suffit d'ouvrir par le sous-menu **"*Moniteur Série*"** du menu **"*Outils*"** après le téléversement. Trois touches et une led sont nécessaires à ce projet.

- A partir du menu, la touche N°1 lance l'enregistrement. Une action sur la touche N°2 ou si la mémoire est pleine, le processus s'interrompt. La led signale la mémoire saturée.

- A partir du menu, la touche N°2 lance la lecture. Une action sur la touche N°1 l'interrompt.

- A partir du menu, la touche N°3 lance l'effacement. Une action sur la même touche l'interrompt.

SCHÉMA DE CÂBLAGE

Pour cette expérimentation alimentée par le cordon USB, suivez le plan de câblage N°20 de la **figure 3.53** et préparez le matériel suivant :

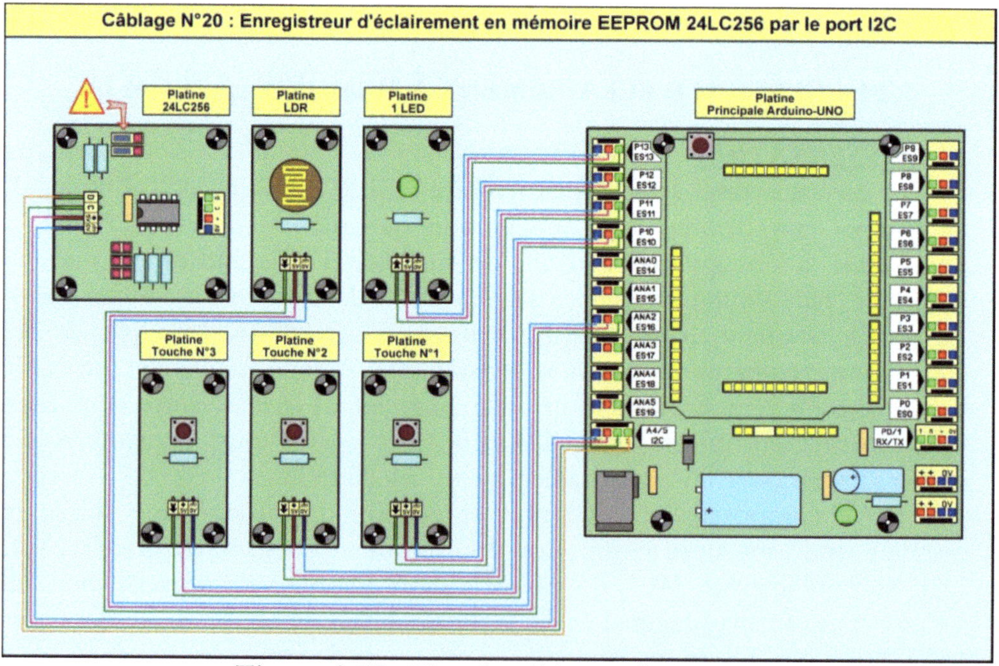

Figure 3.53 Plan de câblage N°20

- La platine principale supportant le module Arduino-UNO,
- 1 Platine mémoire I^{2}C à base du circuit 24LC256,
- 1 Platine cellule photosensible (LDR),
- 3 Platines à une touche miniature,
- 1 Cordon à 2 connecteurs à 4 broches femelles.
- 5 Cordons à 2 connecteurs à 3 broches femelles.

PROGRAMMATION

Ouvrez le logiciel « ARDUINO » et saisissez ou chargez le croquis « ***Projet_24*** » représenté sur les **figures 3.54-A à 3.54-C**.

- Lignes 8. Déclaration de la librairie additionnelle.
- Lignes 11 à 32. Déclaration des constantes, des variables et initialisations générales dans la procédure « ***setup*** ».
- Lignes 38 à 43. L'affichage du menu s'effectue sur le moniteur de l'ordinateur et non sur l'écran LCD. Il faut penser à l'activer après le téléversement du croquis.
- Lignes 45 à 49. La boucle « ***do ... while*** » s'exécute de manière permanente en attendant l'action sur une touche. Lorsque l'une d'elles est appuyée, la variable « MODE » prend une valeur précise (1, 2 ou 3) et le programme poursuit son déroulement après la boucle.
- Ligne 51 à 67. Il s'agit du mode d'écriture en mémoire. Le niveau d'éclairement de la LDR est lu, adapté et mémorisé en EEprom avec la procédure personnelle « ***ECRIRE*** » en passant en argument l'adresse et la valeur. Par sécurité, la fonction « ***LIRE*** » relit cette valeur en mémoire et la renvoie au croquis pour l'affichage à l'écran. Entre chaque étape, une temporisation de 10 millisecondes laisse le temps d'effectuer le traitement. Le compteur est ensuite incrémenté et une comparaison de l'adresse avec le nombre 32767 permet de savoir s'il s'agit de la dernière. Dans ce cas, l'allumage de la led informe l'utilisateur, le compteur et le mode s'initialisent à zéro. La temporisation de 970 millisecondes permet d'obtenir un délai approximatif d'une seconde entre deux enregistrements.
- Lignes 70 à 80. Mode de lecture et d'affichage des valeurs mémorisées en EEprom.

```cpp
1 //=========================================================================
2 //===      ARDUINO-UNO EN PRATIQUE    ---    (c) Yves MERGY 2016    ===
3 //===                         Projet N°24                          ===
4 //=== ENREGISTREUR DE LUMINOSITE I2C AVEC UNE MEMOIRE 24LC256   ===
5 //=========================================================================
6
7 //----- AJOUT D'UNE LIBRAIRIE ADDITIONNELLE ----------------------
8 #include <Wire.h>        // Librairie pour gérer le protocole I2C
9
10 //----- CONSTANTES ----------------------------------------------
11 #define AD_MEM 80        // Adresse I2C de la mémoire 24LC256
12 #define LED 13           // LED raccordée à la ligne d'E/S 13
13 #define T1 12            // TOUCHE No1 raccordée à la ligne d'E/S 12
14 #define T2 11            // TOUCHE No2 raccordée à la ligne d'E/S 11
15 #define T3 10            // TOUCHE No3 raccordée à la ligne d'E/S 10
16
17 //----- VARIABLES -----------------------------------------------
18 int LDR = A0;    // LDR sur la broche A0
19 int VALEUR;      // Variable de lecture de la valeur analogique
20 byte VE;         // Variable d'écriture
21 byte VL ;        // Variable de lecture
22 byte MODE = 0;   // Variable du mode de fonctionnement
23 int CPT = 0;     // Variable du compteur
24
25 //-------------- PROCEDURE D'INITIALISATION ---------------------
26 void setup(){
27   Serial.begin(9600);   // Communication avec le moniteur à 9600 bauds
28   Wire.begin();         // Initialisation du protocole I2C
29   pinMode(LED, OUTPUT); // Ligne de la LED en sortie
30   pinMode(T1, INPUT);   // Ligne de la TOUCHE No1 en entrée
31   pinMode(T2, INPUT);   // Ligne de la TOUCHE No2 en entrée
32   pinMode(T3, INPUT);   // Ligne de la TOUCHE No3 en entrée
33 }
34
35 //-------------- BOUCLE PRINCIPALE ------------------------------
36 void loop(){
37   // Affichage du menu sur le moniteur
38   Serial.println("#=============================================#");
39   Serial.println("#                                             #");
40   Serial.println("#             APPUYEZ SUR UNE TOUCHE :        #");
41   Serial.println("#  [1] POUR ENREGISTRER, [2] POUR LIRE, [3] POUR EFFACER.  #");
42   Serial.println("#                                             #");
43   Serial.println("#=============================================#");
44   // Attente d'une action sur une touche
45   do{
46     if(digitalRead(T1) == LOW){MODE = 1;break;}
47     if(digitalRead(T2) == LOW){MODE = 2;break;}
48     if(digitalRead(T3) == LOW){MODE = 3;break;}
49   }while(MODE == 0);
50   // Mode d'enregistrement d'une valeur d'éclairement par seconde
```

Figure 3.54-A Croquis du projet N°24 (début)

```cpp
51  while(MODE == 1){
52    VALEUR = analogRead(LDR);              // Eclairement de la LDR (de 0 à 1023)
53    VE = map(VALEUR, 0, 1023, 0, 255);   // Conversion de 0 à 1023 en 0 à 255
54    ECRIRE(CPT,VE); // Appel de la procédure d'écriture en mémoire I2C
55    delay(10);
56    VL=LIRE(CPT);   // Appel de la fonction de lecture depuis la mémoire I2C
57    delay(10);
58    Serial.print(CPT, DEC); // Affichage du processus
59    Serial.print("S. ENREGISTREMENT EN MEMOIRE. LUMIERE = ");
60    Serial.println(VL, DEC);
61    ++CPT;   // Incrémentation du compteur d'adresses
62    // Test d'arrêt en cas de mémoire pleine ou d'appui sur la touche d'arrêt
63    if(digitalRead(T2) == LOW || CPT>32767){
64      digitalWrite(LED, HIGH);   // LED de mémoire pleine allumée.
65      MODE = 0; CPT = 0; delay(1000); break; // Initialisations avant retour
66    }
67    delay(970); // Pause pour obtenir une seconde entre 2 enregistrements
68  }
69  // Mode de lecture des valeurs en mémoire
70  while(MODE == 2){
71    digitalWrite(LED, LOW);   // LED de mémoire pleine éteinte.
72    VL=LIRE(CPT);   // Appel de la fonction de lecture depuis la mémoire I2C
73    delay(10);
74    Serial.print(CPT, DEC); // Affichage du processus
75    Serial.print("S. LECTURE DE LA MEMOIRE. LUMIERE = ");
76    Serial.println(VL, DEC);
77    ++CPT;   // Incrémentation du compteur d'adresses
78    // Test d'arrêt en cas de mémoire pleine ou d'appui sur la touche d'arrêt
79    if(digitalRead(T1) == LOW || CPT>32767){
80      MODE = 0; CPT = 0; delay(1000); break; // Initialisations avant retour
81    }
82  }
83  // Mode d'effacement des valeurs en mémoire
84  while(MODE == 3){
85    digitalWrite(LED, LOW);   // LED de mémoire pleine éteinte.
86    Serial.println("Effacement de la mémoire en cours ... Patientez.");
87    for (int AD=0; AD <= 32767; AD++){ // Pour toutes les adresses
88      ECRIRE(AD,255);   // Appel de la fonction de lecture avec la valeur 255
89      Serial.println(AD, DEC); // Affichage du processus
90      // Test si appui sur la touche d'arrêt et adresse supérieure à 128
91      if(digitalRead(T3) == LOW && AD > 128){
92        Serial.println("ARRET DE L'EFFACEMENT"); // Message d'interruption
93        MODE = 0; CPT = 0; delay(1000); break; // Initialisations avant retour
94      }
95      delay(5); // pause d'écriture
96    }
97    Serial.println("EFFACEMENT TERMINE."); // Affichage du message d'arrêt
98    MODE = 0; CPT = 0; delay(1000); // Initialisations avant retour
99  }
```

Figure 3.54-B Croquis du projet N°24 (suite)

```
100 }
101
102 //----- PROCEDURE D'ECRITURE D'UN OCTET A UNE ADRESSE ---------
103 void ECRIRE(unsigned int ADE, byte VALE){
104   Wire.beginTransmission(AD_MEM); // Début de transmission
105   Wire.write((int)(ADE >> 8));     // Pointeur à l'adresse ...
106   Wire.write((int)(ADE & 0xFF));   // ...
107   Wire.write(VALE);                // Ecriture de la valeur
108   Wire.endTransmission();          // Fin de transmission
109   delay(10);
110 }
111
112 //----- FONCTION DE LECTURE D'UN OCTET A UNE ADRESSE ----------
113 byte LIRE(unsigned int ADL){
114   byte VALL; // Variable locale de retour
115   Wire.beginTransmission(AD_MEM); // Début de transmission
116   Wire.write((int)(ADL >> 8));     // Pointeur à l'adresse ...
117   Wire.write((int)(ADL & 0xFF));   // ...
118   Wire.endTransmission();          // Fin de transmission
119   Wire.requestFrom(AD_MEM,1);      // Demande de reception d'un octet
120   VALL = Wire.read();              // Mémorisation de l'octet
121   return VALL;                     // Retour de la valeur
122 }
```

Figure 3.54-C Croquis du projet N°24 (fin)

- Lignes 83 à 98. Mode d'effacement de la mémoire EEprom. La valeur 255 (valeur d'une mémoire vierge) s'inscrit à chaque adresse. Une action sur la touche 3 arrête le processus, à condition que l'adresse 128 soit dépassée (système antirebonds pour permettre la prise en compte de la procédure d'effacement). Des messages s'inscrivent en temps réel pour informer l'utilisateur.

- Lignes103 à 121. Nous vous laissons le soin d'analyser la procédure « ***ECRIRE*** » et la fonction « ***LIRE*** » grâce aux commentaires à la fin de chaque ligne. Il ne s'agit que de l'application du protocole I^{2}C.

EXERCICE

Modifiez le câblage et le croquis pour enregistrer également les valeurs d'une sonde de température toutes les 5 minutes. La visualisation doit maintenant s'effectuer sur l'afficheur LCD afin d'obtenir un appareil autonome. Si cet exercice vous semble simple, vous pouvez agir sur deux interfaces à relais : l'une pour commander un radiateur, l'autre un climatiseur en fonction des températures relevées et des consignes programmées.

184

3.25 – GÉNÉRATION D'UNE SINUSOÏDE AVEC UNE DAC

PRÉSENTATION

Nous voici parvenus à la dernière application de cet ouvrage. Celle-ci très prisée, gère le circuit MCP4921 par le port sériel « SPI » pour produire une tension comprise entre 0V et la tension de référence sur sa broche de sortie. Ce circuit peut travailler sur 12 bits et offrir ainsi une grande précision. Nous n'enverrons ici que des données sur 8 bits pour produire la forme exacte d'une sinusoïde formée de 256 pas mémorisés dans un tableau de valeurs. La **figure 3.55** montre l'oscillogramme relevé sur notre prototype.

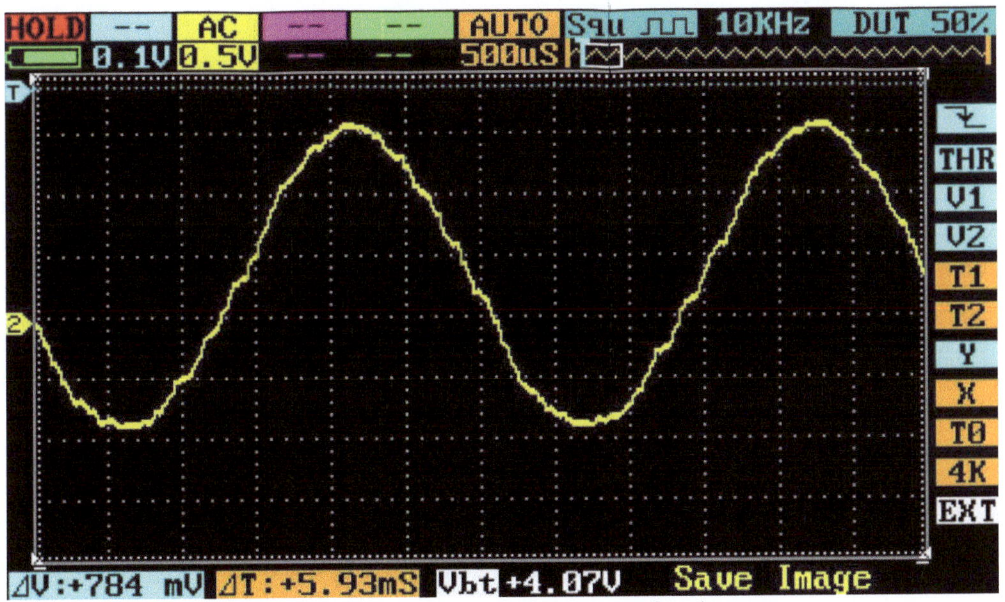

Figure 3.55   Forme de la sinusoïde obtenue

Notez que la forme du signal est tout à fait convenable pour une sinusoïde numérique. En faisant appel au « Timer2 » de l'Arduino-UNO, il est possible de sélectionner une fréquence dans un registre compris entre 0Hz et 2000Hz, voire au delà en acceptant une déformation de la sinusoïde. Un potentiomètre permet de balayer cette plage de fréquences. Il va de soi que nous pourrions élaborer n'importe quelle forme d'onde (triangle, carré, dent de scie, etc.) et même une forme particulière spécifique, en modifiant les 256 valeurs du tableau. Nous avons opté pour la sinusoïde pour ses nombreuses applications. En ajoutant quelques lignes de code, il est même possible de générer 3 fréquences sinusoïdales, simultanément comme le représente la **figure 3.56** !... Revenons à notre projet avec une seule fréquence, ce qui n'est déjà pas mal.

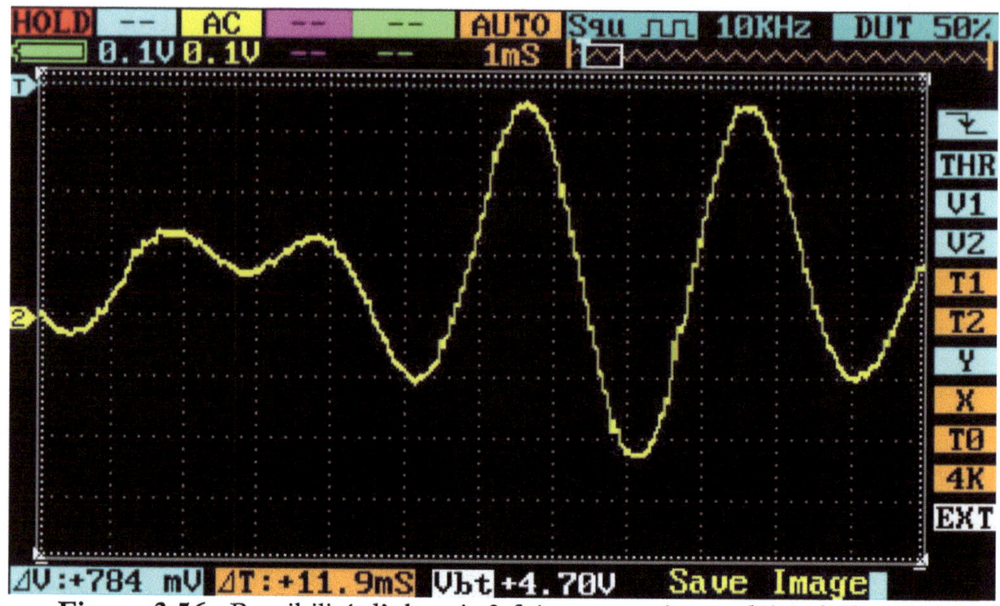

Figure 3.56 Possibilité d'obtenir 3 fréquences sinusoïdales différentes

Nous n'allons pas d'étudier le fonctionnement complet du « Timer2 » ainsi que les interruptions qui s'y rapportent. L'intérêt étant de montrer une de ses applications. Retenez simplement qu'un « Timer » est un compteur incrémenté régulièrement par l'horloge interne de l'Arduino-UNO. Il faut sélectionner auparavant une valeur maximale et un diviseur de la fréquence d'horloge (prescaler). Lorsque le compteur est plein, il « déborde » et appelle la routine d'interruption chargée d'effectuer une tâche précise. Pour ce projet : former la sinusoïde.

Le croquis est très largement commenté à ce sujet et permet de comprendre la nécessité de chaque ligne de code. Nous faisons appel à de nombreux bits de chaque registre constituant le « Timer2 », mais il existe également le « Timer0 », le « Timer1 » et les interruptions matérielles. Nous avons

186

déjà bien à faire avec notre projet, étudiez chaque instruction par vous-même en vous aidant des commentaires.

SCHÉMA DE CÂBLAGE

Pour cette expérimentation alimentée par le cordon USB, suivez le plan de câblage N°21 de la **figure 3.57** et préparez le matériel suivant :

- La platine principale supportant le module Arduino-UNO,
- 1 Platine mémoire DAC à circuit MCP4921,
- 1 Platine potentiomètre,
- 4 Cordons à 2 connecteurs à 3 broches femelles.

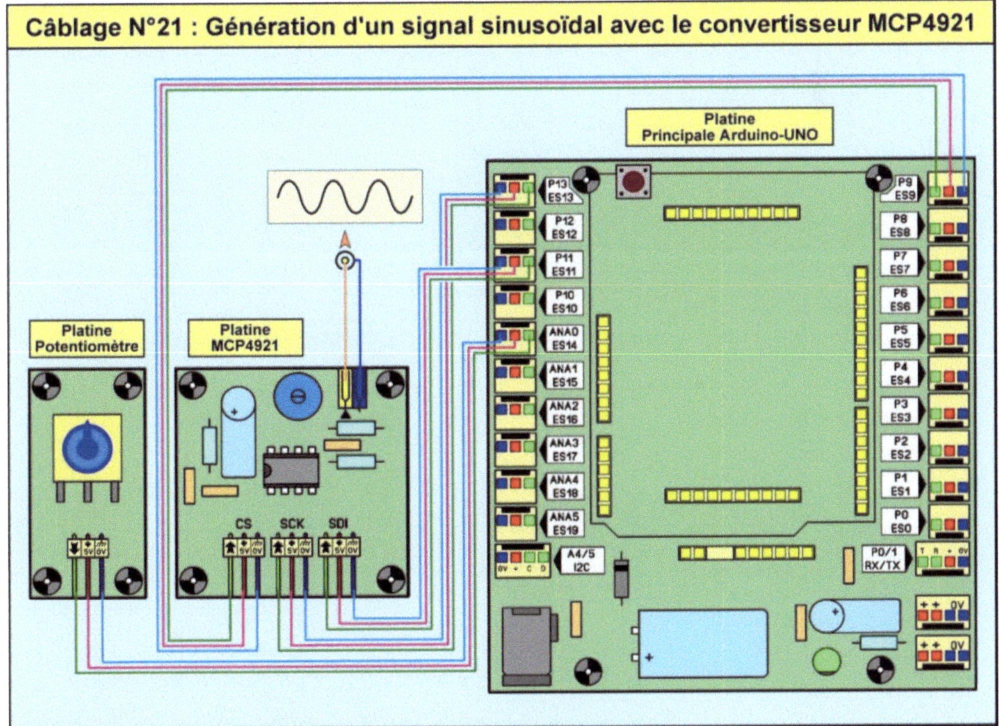

Figure 3.57   Plan de câblage N°21

PROGRAMMATION

Ouvrez le logiciel « ARDUINO » et saisissez ou chargez le croquis « **Projet_25** » représenté sur les **figures 3.58**.

```
 1 //=========================================================================
 2 //===      ARDUINO-UNO EN PRATIQUE    ---   (c) Yves MERGY 2016      ===
 3 //===                        Projet N°25                            ===
 4 //===   GENETATEUR SINUSOISAL DE FREQUENCE VARIABLE DE 256 PAS       ===
 5 //===   A L'AIDE DU CIRCUIT MCP4921 ET DU TIMER 2 DE L'ARDUINO       ===
 6 //=========================================================================
 7
 8 //----- AJOUT D'UNE LIBRAIRIE ADDITIONNELLE ----------------------
 9 #include <SPI.h>
10
11 //----- CONSTANTES ----------------------------------------------
12 // Tableau contenant les 256 valeurs constituant la SINSOIDE
13 const uint8_t SINUS_A[] = {
14     0x80, 0x83, 0x86, 0x89, 0x8C, 0x8F, 0x92, 0x95, 0x98, 0x9B, 0x9E, 0xA2,
15     0xA5, 0xA7, 0xAA, 0xAD, 0xB0, 0xB3, 0xB6, 0xB9, 0xBC, 0xBE, 0xC1, 0xC4,
16     0xC6, 0xC9, 0xCB, 0xCE, 0xD0, 0xD3, 0xD5, 0xD7, 0xDA, 0xDC, 0xDE, 0xE0,
17     0xE2, 0xE4, 0xE6, 0xE8, 0xEA, 0xEB, 0xED, 0xEE, 0xF0, 0xF1, 0xF3, 0xF4,
18     0xF5, 0xF6, 0xF8, 0xF9, 0xFA, 0xFA, 0xFB, 0xFC, 0xFD, 0xFD, 0xFE, 0xFE,
19     0xFE, 0xFF, 0xFF, 0xFF, 0xFF, 0xFF, 0xFF, 0xFF, 0xFE, 0xFE, 0xFE, 0xFD,
20     0xFD, 0xFC, 0xFB, 0xFA, 0xFA, 0xF9, 0xF8, 0xF6, 0xF5, 0xF4, 0xF3, 0xF1,
21     0xF0, 0xEE, 0xED, 0xEB, 0xEA, 0xE8, 0xE6, 0xE4, 0xE2, 0xE0, 0xDE, 0xDC,
22     0xDA, 0xD7, 0xD5, 0xD3, 0xD0, 0xCE, 0xCB, 0xC9, 0xC6, 0xC4, 0xC1, 0xBE,
23     0xBC, 0xB9, 0xB6, 0xB3, 0xB0, 0xAD, 0xAA, 0xA7, 0xA5, 0xA2, 0x9E, 0x9B,
24     0x98, 0x95, 0x92, 0x8F, 0x8C, 0x89, 0x86, 0x83, 0x80, 0x7D, 0x7A, 0x77,
25     0x74, 0x71, 0x6E, 0x6B, 0x68, 0x65, 0x62, 0x5E, 0x5B, 0x59, 0x56, 0x53,
26     0x50, 0x4D, 0x4A, 0x47, 0x44, 0x42, 0x3F, 0x3C, 0x3A, 0x37, 0x35, 0x32,
27     0x30, 0x2D, 0x2B, 0x29, 0x26, 0x24, 0x22, 0x20, 0x1E, 0x1C, 0x1A, 0x18,
28     0x16, 0x15, 0x13, 0x12, 0x10, 0x0F, 0x0D, 0x0C, 0x0B, 0x0A, 0x08, 0x07,
29     0x06, 0x06, 0x05, 0x04, 0x03, 0x03, 0x02, 0x02, 0x02, 0x01, 0x01, 0x01,
30     0x01, 0x01, 0x01, 0x01, 0x02, 0x02, 0x02, 0x03, 0x03, 0x04, 0x05, 0x06,
31     0x06, 0x07, 0x08, 0x0A, 0x0B, 0x0C, 0x0D, 0x0F, 0x10, 0x12, 0x13, 0x15,
32     0x16, 0x18, 0x1A, 0x1C, 0x1E, 0x20, 0x22, 0x24, 0x26, 0x29, 0x2B, 0x2D,
33     0x30, 0x32, 0x35, 0x37, 0x3A, 0x3C, 0x3F, 0x42, 0x44, 0x47, 0x4A, 0x4D,
34     0x50, 0x53, 0x56, 0x59, 0x5B, 0x5E, 0x62, 0x65, 0x68, 0x6B, 0x6E, 0x71,
35     0x74, 0x77, 0x7A, 0x7D
36 };
37
38 //----- VARIABLES -----------------------------------------------
39 uint16_t SINUS_B = 0; // Valeur pour la sinusoïde après amplification
40 // VALEUR = Fréquence * (2^16 / 15625)
41 //        = Fréquence * 4,194304
42 // Par exemple:  pour 440Hz, VALEUR = 1845
43 uint16_t VALEUR = 0; // Valeur correspondant à la fréquence
44 uint16_t PAS = 0;    // Pas de la sinusoïde
45
46 //--------------- PROCEDURE D'INITIALISATION ----------------------
47 void setup() {
48     SPI.begin();
49
50     cli(); // Pas d'interruptions
```

Figure 3.58-A Croquis du projet N°25 (début)

```
51    // Interruption sur le timer2 = 127
52    // Avec une horloge à 16MHz et un "prescaler" = clk/8
53    // L'interruption se produit à une fréquence de
54    // (16MHz/8)/128 = 15625Hz
55
56    // COMPTEUR 2 MASQUE DU REGISTRE D'INTERRUPTION
57    //TIMSK2 = (1 << OCIE2A)
58    TIMSK2 = 2; // Interruption quand le Timer atteind OCR2A
59
60    // REGISTRE DE COMPARAISON A
61    // Le registre OCR2A contient une valeur sur 8 bits (octet)
62    // Comparé en permanence avec la valeur du registre TCNT2.
63    // Un dépassement utilisé pour générer une interruption de comparaison
64    // ou pour générer une forme d'onde sur la sortie de la broche du OC2A
65    OCR2A = 127;            // OCR2A = 128 tops (de 0 à 127)
66
67    // REGISTRE DE COMMANDE DU COMPTEUR A
68    // WGM21 est le bit No1 du registre TCCR2A (il vaut 0 ou 2)
69    // WGM20 est le bit No0 du registre TCCR2A (il vaut 0 ou 1)
70    //TCCR2A = 1<<WGM21 | 0<<WGM20
71    TCCR2A = 2; // Mode CTC: Remise à 0 du Timer en cas de dépassement
72
73    // REGISTRE DE COMMANDE DU COMPTEUR B
74    // CS22 est le bit No2 du registre TCCR2B (il vaut 0 ou 4)
75    // CS21 est le bit No1 du registre TCCR2B (il vaut 0 ou 2)
76    // CS20 est le bit No0 du registre TCCR2B (il vaut 0 ou 1)
77    //TCCR2B = 0<<CS22 | 1<<CS21 | 0<<CS20
78    TCCR2B = 2; // Prescaler = clk / 8
79
80    // SPCR EST LE REGISTRE DE CONTROLE DU PORT SPI
81    // Bit NO4 (MSTR) si=1 Arduino est maître, si=0 Arduino est esclave
82    // Bit NO6 (SPE) si=1 active module SPI, si=0 désactive module SPI
83    SPCR = 80; // Bits No4 et No6 du registre à 1
84
85    // SPSR EST LE REGISTRE D'ETAT DU PORT SPI
86    // Bit No1 (SPI2X) double la vitesse de dialogue SPI si=1
87    SPSR = 1; // Bits No1 du registre à 1
88
89    // Port B (D8 à D13)
90    // Port C (A0 à A5)
91    // Port D (D0 à D7)
92    // DDRB EST LE REGISTRE DE DIRECTION DU PORT B
93    // 1 bit à 1=sortie, 1 bit à 0=entrée
94    DDRB |= 46; // lignes PB1, PB2, PB3 et PB5 en sortie
95
96    // PORTB EST LE REGISTRE D'ETAT DU PORT B
97    // 1 bit à 1 sortie=1, 1 bit à 0 sortie=0
98    PORTB |= (1<<1);
99
```

Figure 3.58-B Croquis du projet N°25 (suite)

```
100      sei(); // Autorise les interruptions
101 }
102
103
104 //--------------- BOUCLE PRINCIPALE -------------------------------
105 void loop() {
106    // Lecture de la position du curseur du potentiomètre
107    VALEUR = analogRead(A0);
108    // Conversion pour 0Hz à 2kHz pour la course du potentiomètre
109    VALEUR = map(VALEUR, 0, 1023, 0, 8388);
110 }
111
112 //------- ISR (Routine de Service d'Interruption) ---------------
113 // Ici: Quand le Timer2 déborde avec la valeur de OCR2A
114 ISR(TIMER2_COMPA_vect) {
115     // OCR2A ayant été initialisé ci-dessus ...
116     OCR2A = 127; // ... Il faut recharger le registre
117     PAS += VALEUR;
118     // Décalage à gauche de 2 à 4 bits pour plus de GAIN (amplitude)
119     // 2 ==> Sinusoïde de 600 mV crête à crête
120     // 3 ==> Sinusoïde de 1200 mV crête à crête
121     // 4 ==> Sinusoïde de 2400 mV crête à crête
122     SINUS_B = SINUS_A[highByte(PAS)] << 4; // Valeur entre 2 et 4
123     PORTB &= ~(1<<1);
124     //  SPDR est le registre de donnée SPI. Il contient l'octet qui doit être envoyé
125     // sur la ligne MOSI et les données qui viennent d'être reçues par la ligne MISO
126     SPDR = highByte(SINUS_B) | 0x70; // Transmet la donnée sur le port SPI
127     while (!(SPSR & (1<<SPIF)));      // Attend la fin de la transmission
128     SPDR = lowByte(SINUS_B);          // Transmet la donnée sur le port SPI
129     while (!(SPSR & (1<<SPIF)));      // Attend la fin de la transmission
130     PORTB |= (1<<1);
131 }
```

Figure 3.58-C Croquis du projet N°25 (fin)

- Lignes 9. Déclaration de la librairie additionnelle « **SPI.h** ».

- Lignes 13 à 35. Le tableau « **SINUS_A[ ]** », de 256 constantes, constitue les valeurs formant la sinusoïde.

- Lignes 39 à 44. Définition des 3 variables nécessaires. Notez, dans les commentaires, la formule de calcul de la fréquence souhaitée.

- Ligne 48. La procédure « **setup** » débute par l'initialisation du port « **SPI** ».

- Ligne 50. L'instruction « **cli()** » interdit les interruptions matérielles et logicielles.

- Lignes 51 à 99. Configuration des registres nécessaires à l'utilisation du « **Timer 2** ». Nous n'allons pas les détailler. Chaque instruction comporte de nombreux commentaires afin de s'y retrouver. Pour de plus amples informations, reportez-vous à la notice (datasheet) du microcontrôleur

ATMEGA328P. En bref et pour faire simple : il faut savoir que le « Timer 2 » s'incrémente régulièrement jusqu'à atteindre la valeur d'un de ses registres (OCR2A). Il se remet alors à zéro et appelle la routine d'interruption.

- Ligne 100. L'instruction « ***sei()*** » autorise à nouveau les interruptions.

- Lignes 106 à 109. La boucle principale lit simplement la valeur renvoyée par le curseur du potentiomètre et l'adapte pour un traitement par la routine d'interruption. Tout le travail s'effectue de manière transparente par le « ***Timer 2*** » qui s'incrémente continuellement et appelle régulièrement la routine d'interruption.

- Lignes 114 à 130. Il s'agit de la fameuse routine d'interruption appelée à chaque débordement du « ***Timer 2*** ». Elle commence par recharger le registre OCR2A avec la valeur 127, détermine la valeur du pas de la sinusoïde à appliquer, l'amplitude et envoie la valeur au port « ***SPI*** » en deux temps (highByte en premier, puis lowByte ensuite).

ADRESSES UTILES.

Certains lecteurs peuvent éprouver des difficultés d'approvisionnement pour se procurer tel ou tel composant. Dans la liste des fournitures nous citons souvent les revendeurs auprès de qui l'auteur effectue habituellement ses achats. Bien sûr, ce ne sont pas les seuls et la liste ci-dessous n'est pas exhaustive elle est simplement donnée à titre d'information.

GOTRONIC

Adresse :   35 ter route nationale - BP45 08110 Blagny FRANCE
Téléphone :   03 24 27 93 42
Internet :   http://www.gotronic.fr/

SAINT QUENTIN RADIO

Adresse :   6 rue de St Quentin 75010 Paris FRANCE
Téléphone :   01 40 37 70 74
Internet :   http://www.stquentin-radio.com/

LEXTRONIC

Adresse :   36/40 Rue du Gal de Gaulle 94510 La Queue en Brie FRANCE
Téléphone :   01 45 76 83 88
Internet :   http://www.lextronic.fr/